大是文化
トヨタ式「すぐやる人」になれる8つのすごい! 仕事術

豐田人的凝與動

部屬總有叫不動、又犯錯、想拖延、
藉口一堆的時候，
如何讓素質參差的人凝聚、願意動起來？

豐田生產方式創始人大野耐一的嫡傳弟子、
《蘋果、亞馬遜都在學的豐田進度管理》作者
桑原晃彌——著
劉錦秀——譯

CONTENTS

第三章

豐田人的口頭禪：先問五次為什麼

第五章

掌握五大要點，豐田人這樣寫報告

第七章

第八章

成長與改變，不會馬上發生 289

推薦序一

成果來自於行動——豐田的行動哲學

國立成功大學製造資訊與系統研究所教授、台灣精實企業系統學會常務理事
／楊大和

豐田生產方式是實踐哲學，透過「做中學」（Learing by Doing）的解決問題過程來培育人才。只有付諸行動才可能有成果，才不至於流為空談。

豐田生產方式（Toyota Production System，簡稱ＴＰＳ）之神大野耐一就曾說過：「用腳去看，而非用眼看；用手思考，而非用腦思考。」這個說法似乎背離常識，但是他這番話語重心長，是要勉勵豐田人走進現場，所以「用腳去看」；是勉勵豐田人要立刻行動，所以「用手思考」。

筆者多年來研究和實踐TPS的學習過程中，曾三度前往日本東京大學（二〇一一年起，每隔四年前往常駐進行半年研究，計常駐一年半時間）與各產業現場實地的觀察與研究，發現日本進行「團隊式的人才培育」的產業轉型方向，與歐美偏重工具、技術、創新的方向有所不同。也體會出「一流的人才放在二流的成長環境，將產生二流的成果」；反之，「二流的人才放在一流的成長環境，將產生一流的成果」。所以，達成卓越成果的關鍵，在於如何建構能夠持續改善的人才培育系統。

如何能夠建構持續改善的人才培育系統，讓組織接納「有問題是一件好事」的企業文化？當組織接納有問題是一件好事，才能在日常工作中不斷改進，進而從解決問題的過程中，培育出有能力解決問題的人才。

豐田汽車全球三十萬員工的共同價值：「Toyota Way 2001」，是全球豐田實踐綱領。它揭櫫兩大原則——持續改善與人性尊重。前者又包含三個次主題，分別為現地現物、挑戰目標、持續改善；後者包含兩個次主題，包括團隊合作、人性尊重。它提供很直接的原則，來引導豐田人尊重異見、學習接納，合作解決問題，並從中培育人才。豐田自一九五〇年以來連續獲利近七十年（二〇〇九年因金融海嘯為例外），自然是歸功於豐田的卓越人才培育系統。

但是，自認為「知道問題」跟「採取行動」之間，通常是多數人的障礙。本書作者從他多年對於豐田的研究與實踐，以淺顯易懂的文字，闡述如何建構豐田做中學的持續改善企業文化和人才培育系統。本書從立刻行動的觀點，歸納出八個面向——速度、收拾力、問題解決、杜絕浪費、A３資料整理術、ＰＤＣＡ（Plan-Do-Check-Act）＋Ｆ（Follow up）、團隊力量、成長力等，來建構具行動力的持續改善文化。

每個面向皆提供約十多則具體做法，每則做法皆以簡單易懂的精鍊文字說明，並輔以漫畫示意圖，讓讀者可以用最直接的方式，達到心領神會的階段，進而立刻付諸行動。書中所條列的具體做法，已經很善巧的把ＴＰＳ的人才培育法納入，例如：杜絕浪費、A３資料整理術（也稱為 Toyota Business Practice）、ＰＤＣＡ＋Ｆ、５Ｓ等。這也符合 Toyota Way 2001，所揭櫫的持續改善與人性尊重理念。

臺灣缺乏天然資源，卻有優秀的人力資源，然而這些資源仍需要開發與琢磨才能培育而成。本書對於想學習豐田人才培育系統的人來說，是很好的日常指南；對於正在實踐ＴＰＳ的讀者而言，是很好的提醒與下手處。因為是人才培育的標竿想法和做法，本書亦適用於不同行業建構卓越的人才培育系統。所以，各行各業的讀者皆可從本書中獲益。

推薦序二

三字訣讓團隊動起來：少、簡、輕

創新管理實戰研究中心執行長／劉恭甫

我在企業進行創新思維課程當中，經常分享全世界最創新的企業個案。豐田汽車因為連續多年名列全世界最創新的企業之一，也是我長期研究的對象，所以當我看到這本書就迫不及待閱讀。而閱讀之後，我發現大部分的書都是從豐田的品質與製造流程的角度來分析，這本書則是採取團隊合作的角度，讓我更能看清楚豐田創新的核心關鍵，就是「團隊」。這本書用「少、簡、輕」三個祕訣，讓團隊動起來。

第一個祕訣是「少」：花時間找東西不是工作，必須將找東西所浪費的時間減少。

作者舉了一個例子讓我印象深刻：某位企業的高層幹部D先生，因為公司在討論是否要引進豐田生產方式，所以就來參觀豐田工廠。參觀之後，D先生把自家公司的做法和豐田做了比較，赫然發現自家公司員工都在找東西，而豐田沒有。豐田認為，找東西是一種浪費，必須減少找東西所浪費的時間，所以「少」是豐田生產方式的精髓。

第二個祕訣是「簡」：簡單易懂，用讓別人也能夠理解的方式傳達。

在豐田有個鐵則，就是把文件歸納成一張A3大小的紙張。理由是，歸納成一張A3大小之前，一定會反覆思考，而簡潔扼要的資料，就不會剝奪閱讀者的時間，也可以加快閱讀者的判斷。厚厚一疊資料對省去浪費、快速工作而言，是一種干擾，所以「簡」單易懂，用讓別人也能理解的方式傳達，就是豐田的創新關鍵。

眾所周知，世界最成功的投資家華倫．巴菲特（Warren Edward Buffett）非常在意能讓非專家的一般投資大眾，都能看得懂自家公司的股東年度報告；蘋果的創辦人賈伯斯（Steve Jobs）要求，要讓小一學生能看得懂自家產品的使用說明書，所以蘋果大多數的產品，就算沒有說明書也能夠操作。

第三個祕訣是「輕」：不是流汗，而是不流汗也可以輕鬆做的工作方式。

作者在書中舉了一個令我拍案叫絕的例子。

某天，豐田生產方式創始人大野耐一和合作公司的廠長在現場巡視時，看到某位員工滿頭大汗，抬起很重的汽缸本體。廠長用很滿意的口吻說：「辛苦了，你很賣力！」大野耐一卻提出疑問：「為什麼他要抬汽缸本體？」一問才知道，原來是滾輪輸送帶壞了無法即刻修理，這位員工迫於無奈只好抬汽缸本體。於是，大野耐一斥責廠長：「你讓部屬做這種工作是什麼意思？抬汽缸本體本來就不是人做的工作，你還誇他『很賣力』？馬上去查還有沒有類似的情形！」廠長讓部屬去查，結果有三個類似個案，大野耐一又大聲斥責：「你們的工作不是讓部屬汗流浹背，而是要想辦法讓部屬不流汗也能輕鬆做事。」

我認為少、簡、輕是《豐田人的凝與動》這本書最重要的核心觀念。這本書以淺顯易懂的案例與說明，帶領讀者領導你的團隊「與其一人走百步，不如一百個人各走一步」。讀完這本書之後，我相信你一定會發現，團隊裡的每一個人，只要了解如何正確的努力，就可以一步步蛻變成「馬上做的人」、「會做事的人」，你更能夠領導你的團隊，有效解決團隊問題。誠摯推薦本書給希望高效領導團隊的你！

前言

豐田人的凝與動：與其一人走百步，不如百人各走一步

豐田工作術中，有一句話是「與其一人走百步，不如百人各走一步」。像蘋果創辦人史蒂夫．賈伯斯這樣的超級巨星，或許一個人就可以向前走一、兩百步，然而普通人只能夠一步、兩步、三步，慢慢向前行。但豐田認為：這般普通的人，只要彼此分享每天的智慧，某天就能夠以團隊之姿，到達一個厲害的境界。

豐田工作術裡的 Know-how，會讓公司內的普通人，只要正確的努力，就可以一步步蛻變成馬上做的人、會做事的人，而**最關鍵的一點，就是正確的努力**。無論是運動還是經商，要有一番成果都必須努力，但難免會弄錯方法和方向。

這時，就容易有「我都這麼努力了，結果卻……。」、「努力不一定有回報！」之類的想法。在這麼想之前，我希望大家能先問問自己：「我所做的努力是對的嗎？」天天加班到深夜，連假日都要到公司上班，卻做不出半點成績，這樣的努力非常痛苦。但是，靜下心來仔細思考，或許就可以找到更好的工作方式，抑或發現更值得研究的地方。

簡單來說，如果弄錯了努力的方向，不論怎麼埋頭苦幹都不會有好成果。努力要用智慧，要懂竅門，不是不顧一切的拚命衝。

豐田工作術中，有一種思維叫做「杜絕浪費」。大家要找出潛藏在職場中、工作中的浪費，並澈底杜絕，如此就能看到努力方向。話雖如此，但人不可能從一開始，就只做有效率的事情。當然，或許有人可以靠自身卓越的才能，創造驚人成果，但大多數人的才能都普普通通。

因此重要的是，普通的人能創造多少不凡的成果？反過來說，即使乍看之下是浪費的事情，也要馬上嘗試做做看。做了之後，就會知道什麼地方是多餘的；只要做了，就能了解如何行動，能避免不必要的努力，並讓工作更順暢。只要反覆嘗試，就能提升工作速度與品質，交出一番成績，且在嘗試當中，還能學習到準確的努力方法，並用最少的努力創造最大的成果。

我再重複一次！最重要的是要養成「馬上做」、「先做做看」的習慣。

社會上最不缺潑冷水的人。例如尚未行動就有人說：「就算這麼做，也只是白費力氣。」而豐田工作術的基本原則，就是「先做做看！有問題再改善！」因此，我希望各位看完本書後，如果也認同其觀點，就即刻行動。透過行為，將認同轉為信服之後，便能成為讓自己成長的養分。

如果本書的內容能對各位讀者有些助益的話，將是我最大的幸福。

第 1 章

豐田人這樣「動」：追求效率也重視遲鈍

1 與其熱烈爭辯，不如先進行小試驗！

假設，你想到了一個改善業務的好點子，並認為這麼做絕對有效，所以決定把這個點子告訴周遭的人，但他們並非一致同意，甚至有人認為根本行不通。

這時，重要的不是花時間爭辯，而是實際做做看、製造出來。

豐田人A先生在開發某款車子時，想到了一種具有突破性的引擎。他認為，如果車子能搭載這種引擎，那在行駛當中，應該可以同時保有速度和安靜，但這種引擎很難製造，所以其他部門全都反對。

A先生想：「再這樣下去的話，這個想法一定會胎死腹中！」所以他說：「只要一輛就好！大家能不能試做一輛看看！」雖然不能量產，但是可以試做。

於是，開發群就按照A先生的指示，製造了A先生想要的引擎。結果，汽車裝

先做做看，有問題再改善

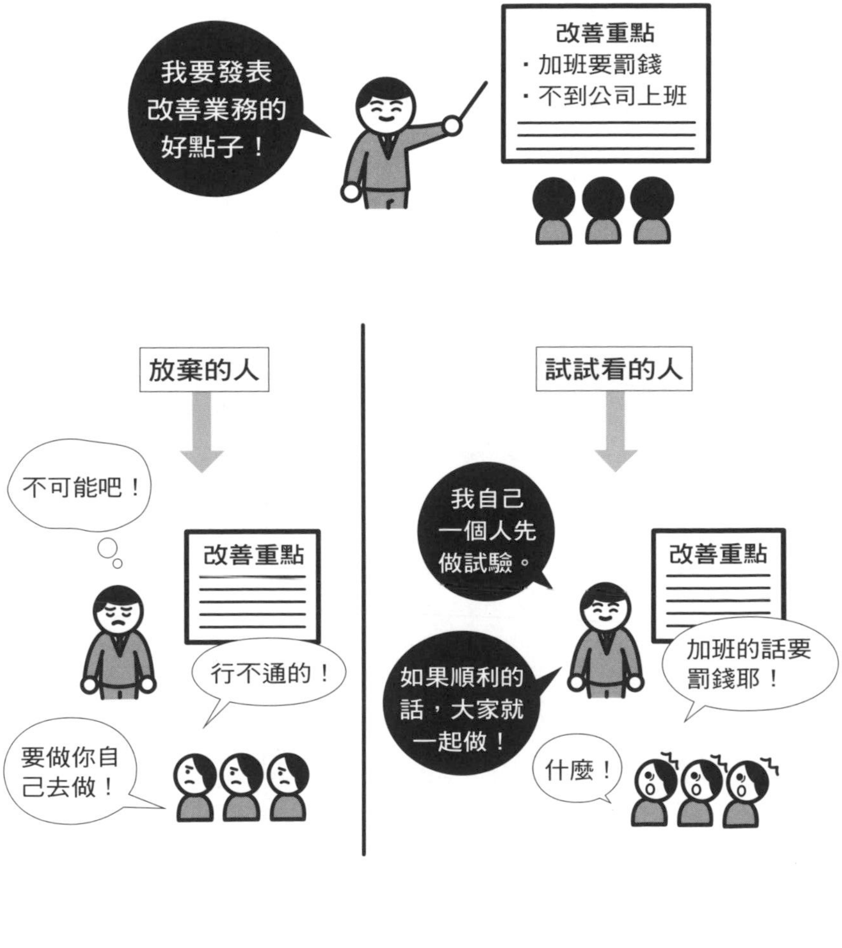
我要發表
改善業務的
好點子！
改善重點
・加班要罰錢
・不到公司上班
放棄的人
不可能吧！
改善重點
行不通的！
要做你自
己去做！
試試看的人
我自己
一個人先
做試驗。
改善重點
加班的話要
罰錢耶！
如果順利的
話，大家就
一起做！
什麼！

上這種引擎之後，性能提升了。剎那間，大家異口同聲的說：「製造這種引擎吧！」立刻成立了專案。這就是豐田代表車款之一——凌志汽車（LEXUS）誕生的一瞬間。

要把自己的想法、點子傳達給其他的人並不容易。「可不可行？」、「要不要做？」不論如何爭辯，都很難馬上有結論。與其爭得面紅耳赤，不如先讓點子成型，如此一來，大家一眼就可以判斷「哪裡好」、「該怎麼做會更好」。因此，如果有點子，就馬上製造，是讓人動起來的好方法之一。

2 想縮短工時，先改善工作內容

想要迅速提升工作的速度，該怎麼做？如果以為光靠不加班或思考更有效率的工作方法，就能提升工作速度的話，那你就太天真了。

那麼，到底該怎麼辦？

豐田工作術中有這麼一句話：「時間是動作的影子！」人在追求速度的時候，往往就只在乎速度。但豐田認為，只要改善行動和工作內容，自然就能縮短工時。

以前，在豐田的工廠內，換模需要三個小時。後來，現場工作員工透過各種改善，將時間縮短成一個小時。但是，有豐田生產方式之神稱譽的大野耐一要求：「能否縮短成三分鐘？」

想縮短工時，先改善工作內容

這時，現場工作負責人脫口而出：「時間是動作的影子！」

在豐田，換模有兩種方法，一種是必須把機器停下來，才可置換的「內部換模」，一種是在機器運轉中就可以置換的「外部換模」。因此，豐田澈底把耗時的內部換模改成外部換模，並改善了百餘項工作步驟。最後，再思索如何用一鍵完成換模。終於，他們達成了大野耐一的要求。

如果想減少加班或提升工作速度，不妨在努力之前，先確實改善工作內容和做事方法。如此一來，自然能提升工作品質和工作速度。

3

今日問題今日修正

最近，受到了「勞動改革」的影響，一般人都傾向於盡可能不加班。但是，如果今天有無論如何都想完成，或想做到的工作時，還是希望大家抱持著「今日事今日畢」的心態，而不是留到明天再做。

擁有百餘名員工的企業負責人B老闆，為了讓自己的公司能夠生存下去，決定把原來的生產方式，改成豐田式方法：有訂單後再生產。但是，要改變已經習慣的工作方式談何容易，其中一定會有員工排斥，也會發生新的問題。

因此，B老闆決定自己率先投入改善，並要求自己做到今日事今日畢。例如，早上開始工作，只要覺得某個方法不易實行，或這個工具很難用，就在今天加以改進。雖然很難今天的事就在今天處理完，但是，有問題馬上修正，不把問

明天再做，愚蠢至極！

推遲問題的人
明天再做吧！
隔天
如果昨天有先做完就好了。
昨天的事情都記不太清楚了。
今天做的人
現在馬上做！
隔天
今天又可以用全新的心情開始工作！
乾淨

題往後拖，第二天就可以挑戰新事物。

B老闆經過一段時間的努力，讓公司順利改採豐田生產方式後，不但員工加班的次數減少了，業績還在其他同業苦撐時逆勢成長。因此，如果決心想做什麼或想改變什麼，別拖拖拉拉，如此一來可以很快看到成果，自然能輕鬆邁入下一個階段。

總而言之，如果想提升工作的速度，最好養成今日事今日畢的習慣。

4 不要突然進行大改革，先累積小改善！

工作時，總會浮現出各種改善想法。例如，「想改變這裡！」、「這種做法太慢了，應該要大膽改變！」等。但是，要馬上化心動為行動並不容易，對大多數人而言，已經習慣的工作方式是舒適、愉快的，所以很難改變。

某製造商決定開始進行豐田生產方式。但是，推動改善團隊的提議時，現場工作負責人大多持反對的意見，因此遲遲沒有進展。所以，改善團隊決定啟動「立即做團隊」。立即做團隊並不執行重大改善，他們只修正小麻煩。例如，現在所使用的工具不好用，或無法馬上找到所需要的文件等。

這類的改進既不用花錢，也不需要耗費精力，所以改善團隊透過處理這些小麻煩，持續進行微小改革。後來，周遭的人開始發聲表示：「托你們的福，東西

微小改善會銜接重大改革

突然進行重大改革
要進行
重大改革！
大改革
照舊就好了，
幹嘛啊……。
根本就是
找麻煩！
先累積微小的改善
請告訴我，
你們覺得困擾
的地方！
我立刻
改善！
我馬上
處理！
改得
真好！
省事多了！

好用多了！」、「工作輕鬆多了！」

推動改善團隊認為機不可失，趁勢向現場工作者表示，想做稍微大一點的改善。結果，大家都異口同聲贊同說：「好啊、來試試看吧！」最後，就從小型改善跨到中型改善，再進入大型改善。

突然間要進行重大改革很容易卡關。但只要先累積微小的改善，就可以伺機進行重大的改革。

5 重做，最浪費時間！

浪費有很多種，其中最容易被忽略的就是重做。

以製造產品來說，先姑且不論花了多少時間製造，一定會遇到因檢查不合格而必須重做的情況。只是，如果從一開始就能夠製造合格產品，就不會有後續問題，如此便可縮短製造時間。

不是只有製造業，其他行業也常有重做、修改的狀況。例如，主管吩咐「要做這樣的文件」，但做完後，主管卻說「不是這種格式」時，就必須重做。這或許是主管的指示不夠詳細，也或許是部屬能力不足，不管如何，只要主管好好和部屬溝通，而部屬也用心確認指示內容，應該可以避免重做或修改。

為了防止這種事情發生，主管和部屬都要透過「報聯商」，做好確認和修

貫徹「報聯商」，預防浪費時間

正。所謂「報聯商」，就是報告、聯絡、商量，對豐田來說，就是讓工作進展視覺化。

來到岔路時，馬上和主管報聯商，就可以避免走錯路。關注速度時，或許會猶豫是否要報聯商，但要避免重做或修改，就必須確實實踐。

6

追求速度前，先做好必要的遲鈍

說到提升工作速度，有人會誤以為就是求快，但最重要的是，要先弄清楚把時間花在哪裡，才能快速獲得成果。

一九八〇年，從美國加州大學柏克萊分校畢業回到日本的孫正義（軟銀集團創辦人），在福岡設立了軟銀的前身「Unison World」。當時，他開始蒐集想做的生意和四十餘種相關事業的資料並做詳盡的調查。

孫正義從那時候就在想：「總有一天，我一定要成立有數兆日圓規模的公司。」之後他根據各種調查資料，決定開始做電腦軟體批發。爾後，在一九八一年的十月的日本電子展（JESA）中孤注一擲，建立了日本最大軟體零售商通路。

想堅持速度，事前準備最重要！

孫正義雖然很執著速度，卻不會在準備不足的狀況下，慌慌忙忙展開事業。除了擁有絕對的自信之外，他更會花時間做足萬全的準備。因此，他總能順利出擊，而且最後都獲得良好成績。

豐田的「沉鬱遲鈍」思考模式也有異曲同工之妙。意思是，要開始做什麼時，一定要花相當的時間尋求共識、檢討各種問題，一旦決定策略後，就一氣呵成。要快速工作，不能只單純求快，必須做好事前準備。

7 拿出成果，那些反對者就會閉嘴

如果要用一句話詮釋豐田工作術，那就是：「百聞不如一見、百見不如一行（行動）、百行不如一果（成果）。」

百聞不如一見，就如字面上的意思，與其聽別人說一百次，不如自己親眼看一次，印象會更深刻、更容易理解。相信大家都知道，聽和看有很大的不同，但是，豐田工作術不是聽了之後才理解，而是看了之後才明白。

在豐田裡，這句話後還有下一句：百見不如一行。意思是，與其爭辯、討論，不如先做看看；百行不如一果（成果）。意思是，只要拿出成果，大家就能理解、信服。簡單來說，就是好好做一次，比聽一百次、看一百次，更容易讓人明瞭並做出正確的判斷。

不要廢話，拿出成果！

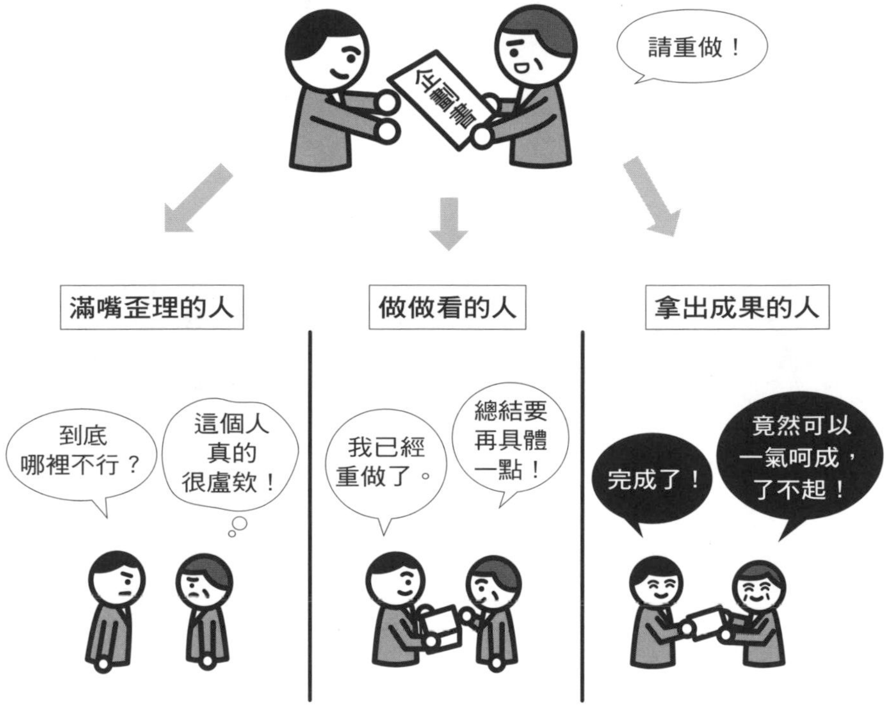
請重做！
企劃書
滿嘴歪理的人
做做看的人
拿出成果的人
到底哪裡不行？
這個人真的很盧欸！
我已經重做了。
總結要再具體一點！
完成了！
竟然可以一氣呵成，了不起！

只要能提出成果，之前反對的人也會跟著贊同，進而提升工作速度。面對喜歡爭辯、滿嘴藉口的人時，就問一句：「你看過工作現場嗎？」或是說：「你說得好極了，所以請先做給我看看！」碰到講歪理的人時，只要說一句：「請拿出成果來！」就能讓這個人從只會動腦筋、出一張嘴，變成用行動拿出成果。如此一來，必然會提升工作速度。

8

改變時間單位：把天換成小時，小時換成分鐘

某中小企業的老闆很自豪的對在豐田工作的好友說：「之前的交貨時間是七天。但經過不斷改善後，我現在可以縮短成三天。」這位豐田員工聽了之後，在讚賞之餘又補了一句話：「把七天變成三天，真的很了不起。那麼接下來，就可以考慮把三天想成七十二小時，然後讓交貨時間再縮短一、兩小時如何？」

老闆聽到這些話，首先想到的是：「什麼！還要縮得更短？」但是，因為朋友說的是一、兩小時，便覺得自己應該還可以做得到，所以就下定決心表示「我要再繼續努力！」

如果以天數來思考交貨時間，很容易會認為「這已經是極限了。只要這樣就行了」，但如果以小時來思考的話，藉由縮短一小時、兩小時，或是十分鐘、

改變時間單位來節省時間！

二十分鐘，總有一天就能夠將交貨時間縮短到兩天。把天數換成小時，再把小時變更成分鐘，就會多出很多改善空間。

亞馬遜想要引進某種服務系統時，每個人都認為「不但要多花很多時間，而且還非常愚蠢」，創辦人貝佐斯卻斬釘截鐵的說：「只要四十八小時，應該可以做到。我希望如此，就這麼做吧！」要落實速度工作術，時間單位非常重要。

9 工作收尾前，多堅持五分鐘

豐田所重視的其中一個原則，就是沉鬱遲鈍（請見第四十一頁）。豐田雖然非常重視做做看的精神，但並不表示做什麼都要快快快。

為了避免欲速則不達，一定要預先做好準備再開始。此外，豐田也重視最後的堅持，就像道路接力賽（Road relay），能獲得第幾名，就看每一棒跑者是否都願意堅持到最後一秒。經商也一樣，從決定要開始行動之後，能否堅持再多思考五分鐘，就可以決定創意的品質。

曾經擔任豐田卡羅拉（Toyota Corolla）車款主查（調查或審查主任）的C先生，他做事情有兩個決定性的關鍵。一，在開始階段，要謹慎解決各種問題；二，收尾階段，要有再多一點點的堅持。

些微差距，會產生巨大分歧

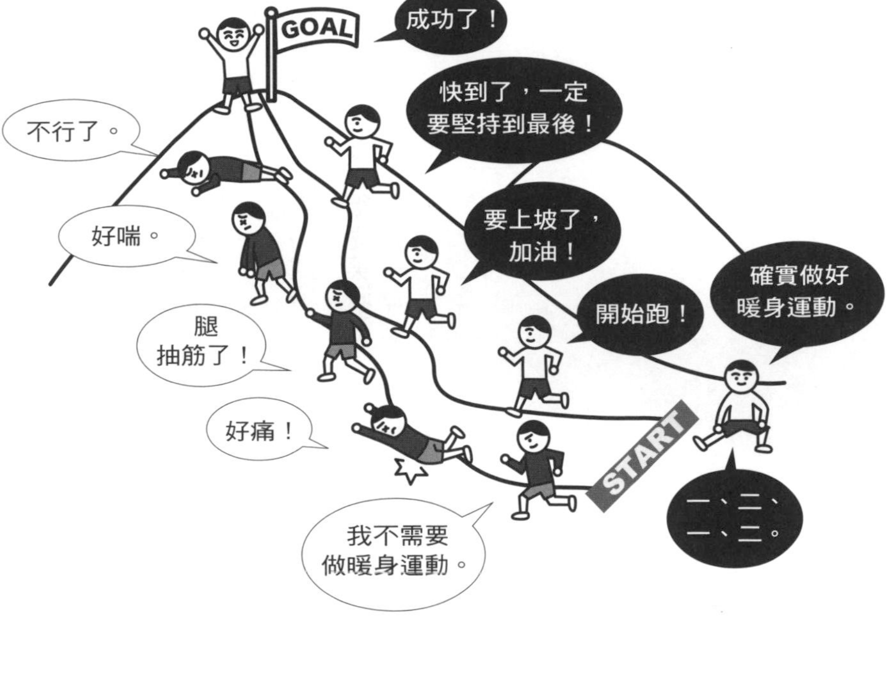

例如，設計完成，準備進入生產時，出現了自己很在意的點。一般人會怕現在才修正會給大家添麻煩，於是選擇妥協，但是如果現在妥協，以後就會後悔莫及。如果想製造一輛好車，就算會給周遭的人帶來麻煩，也必須有勇氣提出變更要求，這就是C先生的想法。

在工作上，速度當然是最大的武器，只是，如果想要真正做出一番成果，除了要有萬全的準備之外，還必須完美收尾，不到最後絕不妥協。

10 不要取平均值，要以最快的人當標準

有「豐田生產方式之神」之稱的豐田汽車前副社長大野耐一（請見第六十三頁）常說：「依賴平均值是錯的。」

例如，想要定出工作標準時間時，大多數的做法是讓幾個人做同樣的事，然後測量時間，再取平均值；抑或是讓一個人做十次同樣的工作，再取平均值。但是，大野耐一這麼說：「如果測量了好幾次標準時間，就取最短的那一個。」

即使是相同工作，所花的時間也會因人而異，就算都是同一人做同一件事，花的時間也會不一樣。大野耐一認為，會花時間，一定是因為有地方錯了，因此最短的時間就是最輕鬆的工作方式。以這個時間為標準後，如果有人無法在時間內完成，就調查這些人為什麼做不到，再針對問題慢慢改善，之後所有人就都可

最快就是最輕鬆

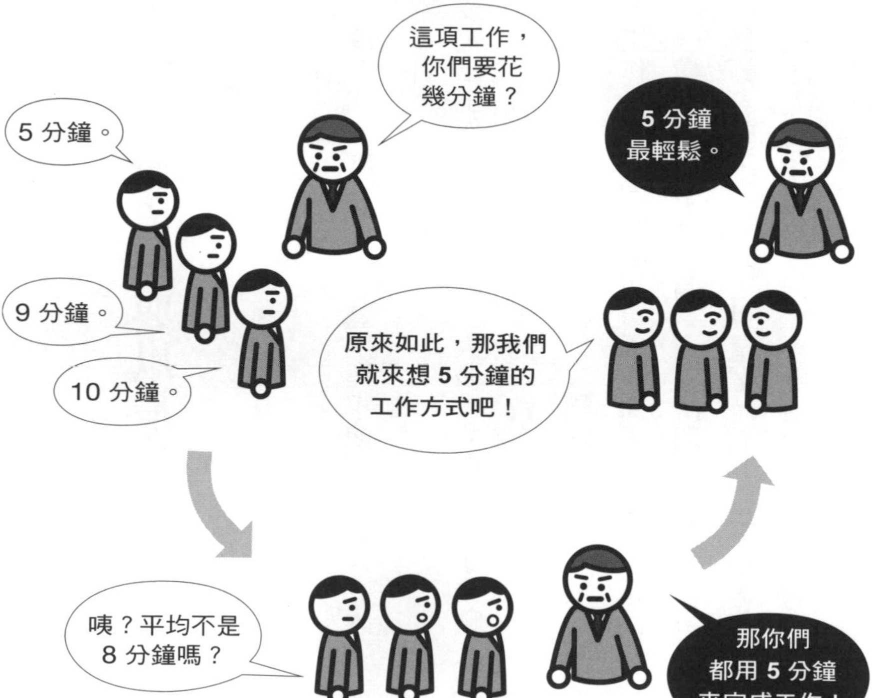
這項工作，
你們要花
幾分鐘？
5 分鐘。
9 分鐘。
10 分鐘。
咦？平均不是
8 分鐘嗎？
那你們
都用 5 分鐘
來完成工作！
原來如此，那我們
就來想 5 分鐘的
工作方式吧！
5 分鐘
最輕鬆。

以在標準時間內完成任務。

當然，平均值也不是完全無用，只是在商務場合中，往往很容易用平均值去判斷事物，因此最重要的是，要嚴格審慎，並看清楚每一項工作所出現的數字。

要提升工作速度，就以最快速的工作模式為目標，再思考「為什麼在這個時間內做不到」並改進，每個人就可以快速完成自己的工作。

11

速度，只有在追求安全的前提下才有意義

豐田工作術的基本原則，是以製造優良產品為大前提。

以前，豐田某合作公司在員工作業臺上安裝了蜂鳴器，而當大野耐一視察工廠，一聽到蜂鳴器的聲音時，立刻說：「裝這種蜂鳴器，作業人員不會覺得自己在被追著跑嗎？」並下令撤除。

大野耐一表示，因為太過在意速度，而一直催促作業人員，就是造成他們出錯或受傷的原因，並建議如果真的需要安裝蜂鳴器，可以問問現場人員的意見，是不是換成輕鬆一點的旋律比較好。

大野耐一說：「有人會著重於快速提升產能，但是提升產能的基本原則是製造優良產品。」因此，先把製造優良產品放第一，再追求速度。如果能達成，之

只在乎速度，是危險的訊號

只重視速度，
不顧品質和安全
動作快！
滴滴滴滴！
不快一點
的話……。
啊、
又做錯了！
嚇！
重視品質和安全，
速度也會提升
要製造出
好的產品！
我們會
用心的！
要製造出
好產品！
工作
進展順利。

後便可靠相關改善，縮短生產時間。

速度只有在安全製造優良產品的前提下，才有意義。

12 豐田人的口頭禪：怎麼做才辦得到？

有人只要碰到難題時，就會覺得「好像很難」、「自己不會」，便立刻開始找藉口。但不管找到的藉口如何冠冕堂皇，還是無法解決眼前的課題。既然如此，那就不要再想藉口，只管做就對了。

現代管理學之父彼得・杜拉克（Peter Ferdinand Drucker）曾說過：「與其抱怨別人不讓你做你會的事，不如自己先把事情一個一個做好！」另外，豐田內有一條行為準則：「用思考藉口的腦筋，來思考如何才辦得成。」

某人擔任生產子公司的廠長，並提出各式各樣改革方案，卻遭總公司駁回，理由是子公司尚在虧損當中。一般人可能就此打住，或是發牢騷抱怨總公司不了解自己的苦心，但是這位廠長想的是：「既然沒錢就用智取。」於是就改善了許

找藉口只是浪費時間

把時間
用來找藉口的人
藉口不能
解決事情！
但是，不會
就是不會啊！
課題
決定做，並一個
接著一個完成的人
太棒了，
一個一個
都解決了。
只要
行動！
課題
現在，就開始做
能做到的事情！
要用
智慧！

多作業流程，還不用花錢。一年後，工廠轉虧為盈，他如願開始展開他所希望的改善。

人或多或少都會受到制約，但真正想交出一番成績的人，不會因此去尋找不會做的說詞，反而會找出自己辦得到的事情，並一個接一個的快快完成。如果想提升作業速度、獲得成果，只要一個接一個實行辦得到的事情就可以了。

13

以十五分鐘為單位，做時間管理！

日常生活當中，一定有許多零碎的時間，例如，需要開車或搭電車去某個地方時，但是，乘車時很難平心靜氣工作。如何靈活運用這種時間，提升工作速度和品質，是一個很重要的觀點。

美國著名的自我起蒙大師戴爾．卡內基（Dale Carnegie）表示：「未做時間規畫，將一事無成。」於是豐田提出了以四個規則靈活運用有限時間。

1. 擬定工作計畫。以小時為單位，列出該做的事情，可以的話，以十五分鐘為單位，把該做的事情列成一張表。

2. 設定困難的目標。把成果提升為現在的兩倍，增加自己的負荷和壓力。

將時間當作生命，如此就能靈活運用時間

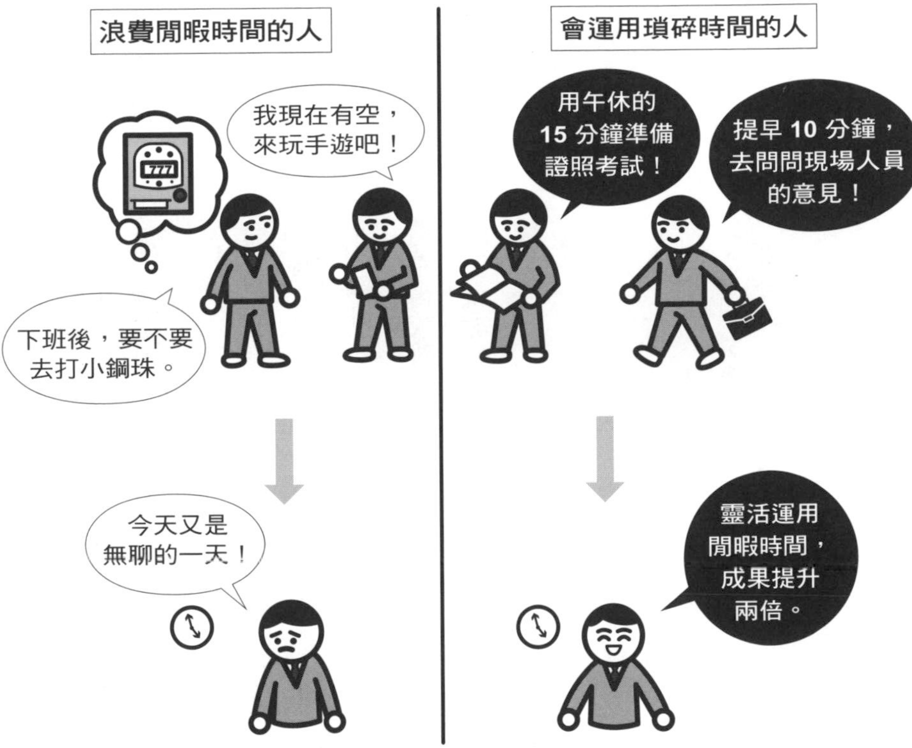

3. 把工作列成表之後，就可以發現自己現在每一個小時在做哪些事。

4. 靈活運用零碎時間，即使是一分鐘也不要放過。

豐田的思維中，時間就是生命。只要把自己的時間和部屬的時間視為命，就絕對不會浪費。因此，覺得自己工作速度很慢的人，可以重視一天當中所出現的許多零碎時間，再試著做現在能夠完成的事就可以了。

完成一個小工作之後，可以看看書或雜誌，千萬不要滑手機打發時間。只要每天回想自己今天一天達成了什麼，就能發現自己靈活運用了相當多的時間。

豐田改善傳說①

不論成功或失敗，都要靠眼睛確認

豐田汽車前副社長
大野耐一（1912～1990）

大野耐一原先任職於豐田紡織，在豐田紡織解散之後，於一九四三年到豐田汽車，為推廣並穩定生產管理技術貢獻一己之力。他靠著卓越的本事和亮眼的成績，以「豐田生產方式創始人」聞名。大野耐一桃李滿天下，豐田第九任社長張富士夫就是其中一位。

豐田最重視的就是現場的智慧。想到什麼或有問題時，大野耐一一定要去現場，看過第一線的狀況之後再思考，是他一貫秉持的基本態度。有些管理幹部只聽部屬報告，就說：「這樣啊，我明白了。」但大野耐一認為：「光靠聽的無法全盤了解，不論成功或失敗，都要靠眼睛確認。」由此可知，大野耐一是現場主義實踐者。

例如，有部屬針對某個點子表示「以前曾經這麼做過，但是失敗了」時，大野耐一說：「現在，請在我面前再做一次失敗的做法！」抑或是，出現兩個不同的創意時，他會說：「兩種都試試看就知道了。與其浪費時間爭論哪個好，不如用眼睛實際判斷。」如果有部屬對改善舉棋不定，他會說：「現在不論你怎麼做，都不會比之前糟糕，所以就大膽試試看吧！」催促部屬實踐。

第 2 章

培養收拾力，再混的員工都不會出錯

14 整理與整頓，哪裡不一樣？

工作時，人們常浪費時間在找東西上。對大多數的人來說，找東西已然成了工作的一部分，但這只是浪費時間。要改善這一點，就要貫徹5S（整理〔Sort〕、整頓〔Set In Order〕、清掃〔Shine〕、清潔〔Standardize〕、素養〔Sustain〕），澈底做好整理和整頓，是開始工作前的必要動作。

那麼，整理和整頓，到底哪裡不一樣？大野耐一對此做了詮釋：「區分要不要的東西叫做整理，隨時都可以拿到需要的東西叫整頓。只將東西排整齊叫排列，管理現場一定要貫徹整理和整頓。」

豐田要的是，只要一句「把那個拿出來」，就連剛進公司的菜鳥新人，也知道東西放在哪裡、有幾個，而且能夠立刻拿過來。有些業務人員會覺得整理、整

整理和整頓不一樣

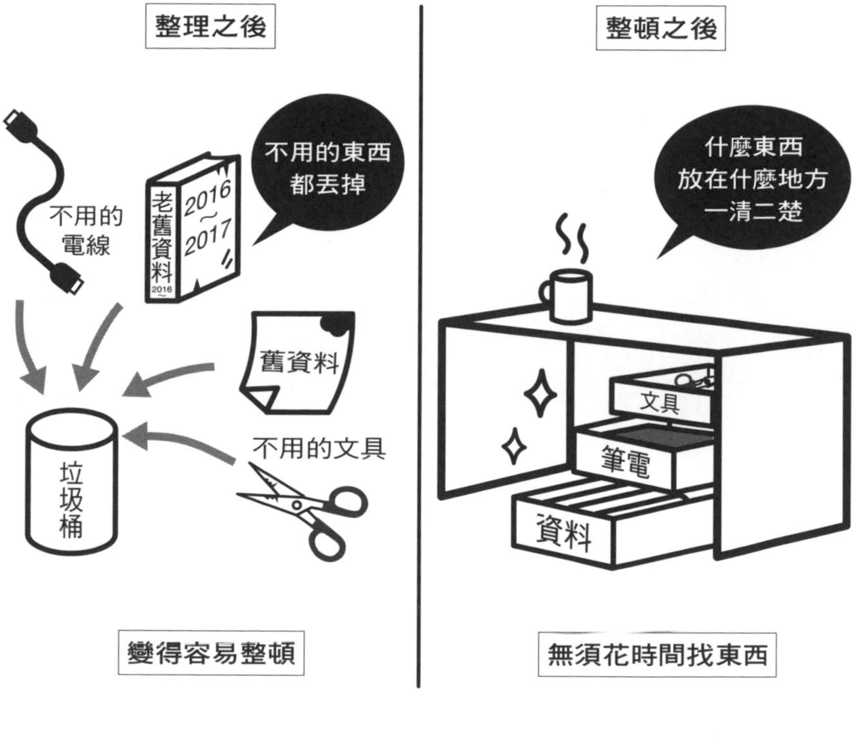
整理之後
不用的東西
都丟掉
不用的
電線
老舊資料
2016
~
2017
舊資料
不用的文具
垃圾桶
變得容易整頓
整頓之後
什麼東西
放在什麼地方
一清二楚
文具
筆電
資料
無須花時間找東西

頓和會不會工作沒有關聯，但只要看一眼工廠和倉庫有沒有整理、整頓，就能知道這家公司的製造力，這是不爭的事實。

如果想提升工作速度和效率，就先從整理和整頓開始吧！只要這麼做，之後的工作進展就會順暢又輕鬆。

15

豐田的工廠裡，沒有找東西的人

根據某份資料顯示，美國業務人員的年平均總工時中，約有一個月的時間都花在找東西上。對生產力如此嚴格要求的美國人都尚且如此，更遑論日本人了。

日本人之所以會花許多時間在找東西，其中一個理由就是，在他們心中，認為找東西也是工作的一部分。如果將找東西視為一種工作，就很難讓他們知道，這其實是一個很嚴重的浪費。

某位企業的高層幹部D先生，因為公司在討論是否要引進豐田生產方式，所以就來參觀豐田工廠。參觀之後，他把自家公司的做法和豐田做了比較，赫然發現豐田的工廠裡，沒有人在找東西。

因為生產時所需要的零組件、元件，只要時間一到，就會被送到生產線，而

找東西最浪費時間！

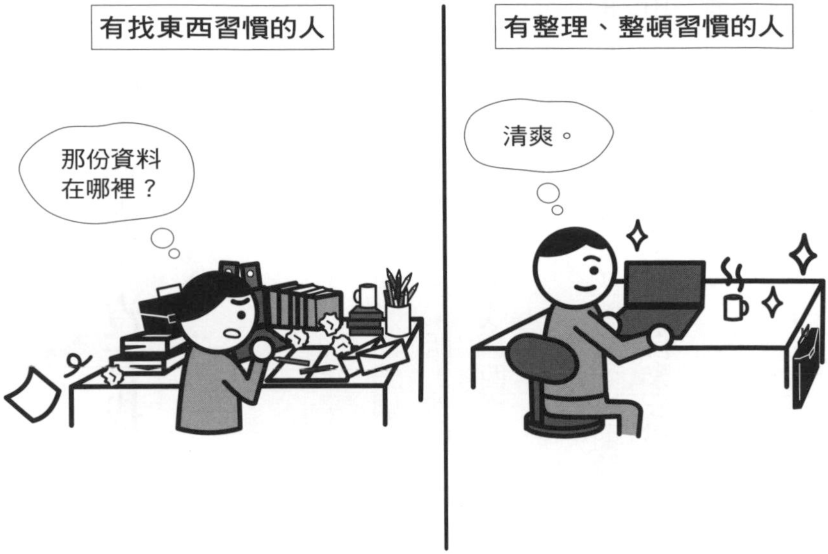
有找東西習慣的人
那份資料
在哪裡？
有整理、整頓習慣的人
清爽。

你的工作不是花時間找東西

且只會送生產線所需要的量，所以不會有少東西的情形，也就不會有人要找東西。但是D先生的工廠，卻是從一大早就開始在找東西。零組件、元件在倉庫裡堆得像座山，什麼東西在何處、有幾個，只有資深負責人知道。

因此，D先生打算從整理、整頓倉庫開始，要大家知道找東西是一種浪費。過了幾個月，連新進員工都知道什麼東西在何處、有幾個之後，D先生一口氣推動豐田生產方式。

你知道自己浪費多少時間在找東西嗎？首先，告訴自己找東西不是工作。

16 機器不會壞，都是人弄壞的！

最嚴重的浪費就是製造過多。製造過多的其中一個原因，就是擔心機器故障會無法生產。為了以防萬一，就想先多製造一些，結果產生浪費。因此，豐田提出了預先保養的方法。簡單來說就是，如果害怕機器故障，就動腦想一個可以防患故障於未然的機制。

預先保養有三大支柱：

1. 日常檢查，防止生產設備壞損。
2. 定期檢查生產設備是否老化、變壞。
3. 預先性維修，預先防止設備損壞。

人和機器都要預先保養

如果疏忽預防
如果平日就做好預防
無異狀！
太好了！
雖然不可能完全痊癒，但還是要努力！
不但花錢還有損健康！
不必花冤枉錢，身體健康有活力！

如果把這三大支柱套用在人體的話，就是：

1. 平日有均衡飲食，再加上適度運動。
2. 有病看醫生之外，還透過健康檢查為身體把關。
3. 早期發現，早期治療。

人如果疏忽了這些就會生大病，生病就要治療，治療要花錢、花時間，機器等生產設備也一樣。完全壞了之後才修理，除了勞命傷財之外，在修理期間，還會阻礙生產，但只要確實做好日常檢查，就可以防範此事。因為疏忽日常檢查而讓機器壞掉，說到底其實是人自己弄壞機器的。

「豐田的強健體質，不是靠治療，而是靠預防所打造的。」這是大野耐一常說的一句話。

17 防止整頓完後又恢復原狀

不管是什麼行業、什麼工作，都會用到5S當中的整理和整頓。但大多數情況都是整理、整頓完之後，過了一段時間又恢復原樣，「不知不覺又增加了這麼多東西！」、「再來整理和整頓一次吧！」5S就成了每年的固定活動。

某製造商的生產子公司社長，向母公司提出申請，表示想承攬製造某產品，但遭到拒絕。理由是：「那麼髒的工廠，不可能製造出這種產品。」因此，這位社長除了推動豐田生產方式外，還大力推動5S。

他們先整理，把不要的東西丟棄，再進行整頓，讓新進人員都知道，什麼東西放在什麼地方、總共有幾個等，然後，從社長到員工全體總動員，把工廠的地板、牆壁刷得閃閃發光，一舉洗刷了骯髒工廠的汙名。

防止整理整頓後，又回到原本樣貌

光是這麼做，還是有可能會有恢復原樣，所以這位社長還特別在下午三點，停下所有生產線，進行大清掃。除了髒了就擦之外，只要稍微有點汙漬，就查明原因，並確實改善，如此用心的結果，讓曾經髒兮兮的工廠，煥然一新，想弄髒都無法弄髒。

為了防止整理整頓後反彈，重要的是查明弄髒的真正原因並確實改進。

18 要做到零垃圾，重點不是出口，而是入口

這是專門製造事務機的A製造商，挑戰「零垃圾」時的小故事。

要做到零垃圾，需要生產現場工作人員的鼎力合作。但是，就算是出自一番善意，只要會造成現場工作人員過度負荷，改革就無法扎根。因此，推廣零垃圾團隊並沒有增加垃圾桶的分類，而是絞盡腦汁思考如何讓人只看一眼，就知道要把什麼垃圾丟進什麼地方。

於是，他們要求大家把不知道該丟入哪個垃圾桶的東西，全都丟進有「？」記號的垃圾桶。成效還不錯，但垃圾量並沒有因此歸零。這時，一位董事開口問：「你們知道讓垃圾量變零，最簡單的方法是什麼嗎？」看到團隊人員一臉問號，這位董事繼續說：「只要不丟垃圾就沒有垃圾。你們先去查一下為什麼我們

能夠控制入口就可以控制出口

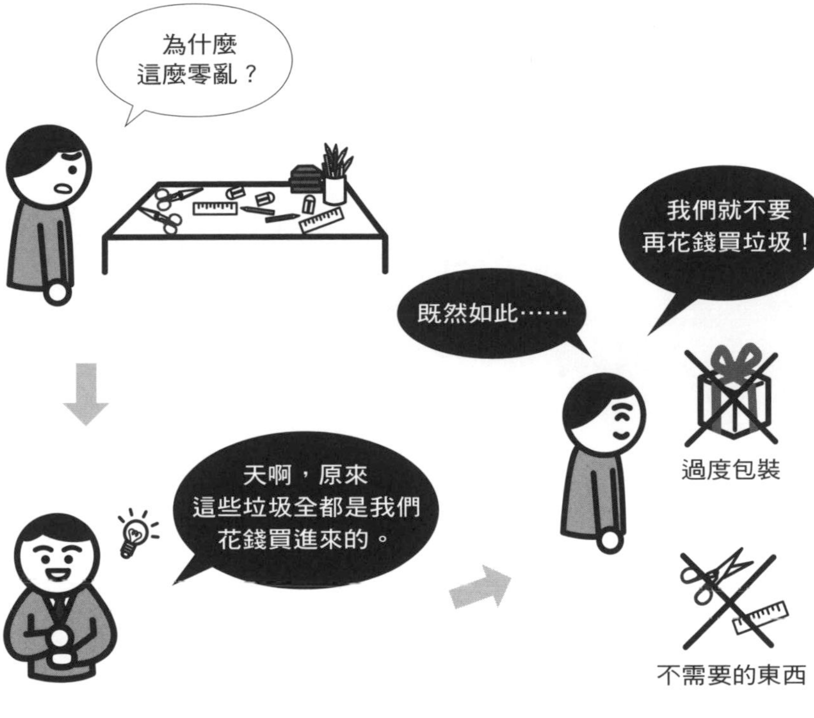

會有這麼多垃圾，如何？」

垃圾有兩種，一種是「出口的垃圾」，一種是「入口的垃圾」。長久以來大家都只關注出口的垃圾。但是，只要減少進來的垃圾，之後處理垃圾就會變得很輕鬆。

團隊人員調查原因後，才注意到零組件過度包裝等問題。原來是公司在花錢買垃圾。於是，就和合作廠商協商，減少進來的垃圾。如此一來，入口的垃圾大幅減少，送出去的垃圾自然也就趨近於零。

有問題，就追本溯源找出真正的原因。只要這麼做，就可以修正到甚至不需要清理，這就是豐田式思維。

19 萬一發生事故，主管一定要親赴現場

某製造商的工廠發生了許多小事故。雖然沒有鬧出人命，但如果高層持續置之不理，就會出大事。因此，公司就讓生產部門的負責人E董事進駐工廠，朝零災害的目標邁進。

E董事仔細檢查工廠之後發現，裡面到處都貼著「整理整頓」、「安全第一」的海報，在晨會上大家也都高喊著同樣的事，但沒有人銘記於心並落實。

例如，為了防止災害發生卻蔑視5S，所以樓梯扶手的油漆剝落、生鏽，讓人走樓梯時，就會猶豫要不要扶欄杆而出意外。最嚴重的是，事故發生時沒有一位主管到現場，只聽部屬片面報告之後，說一句：「下次小心點！」

這種狀態讓E董事覺得公司呼籲「整理整頓」、「安全第一」根本毫無意

不需要虛有其表的 5S

義，所以他撕掉了工廠內的海報並停止朝會上的唱和，取而代之的是，一發生小事故，E董事就親自帶主管趕到現場，查明原因並改善，讓工廠確實落實5S。最終，現場不但整理整頓的乾乾淨淨、員工意識改變，連發生事故的次數也明顯減少許多。

就像豐田工作術所說，不論招牌做得多漂亮，庫存沒有減少就沒有用。因此，大家應該要看的不是海報，而是有沒有落實5S。

20 任何組織都需要微管理經理

在商務現場，我們把什麼芝麻小事都要管的團隊領導者，稱為微管理經理（Micro manager）。

蘋果的創辦人史蒂夫．賈伯斯因針對瑣事提出意見，成了令人討厭的微管理經理。後來賈伯斯返回蘋果，陸續推出火爆商品，大家則開始稱讚賈伯斯，認為是他的執著製造了改變世界的商品。

從員工的立場來看，一個什麼瑣碎小事都要下指示的領導者，確實是個麻煩人物。但是，全都不管，把任何事情都交給現場的管理者也很奇怪。例如，處理不需要的東西時，有些其實是價格昂貴的物品，現場的管理者無法判斷是否要處理掉，這時就必須由高層來決定。

何謂只有領導者才會的 5S？

高層不需要過問芝麻瑣事，但當大家猶豫不定時，高層須給予明確的判斷。豐田要求團隊領導者，一定要做到「帶頭示範」。因此，領導者、高層人員不可以把5S全權交給現場，而是要強力關注5S，並視狀況率先給予判斷、採取行動。5S是否能澈底落實，和高層的關心及行動息息相關。

21 整頓最高指導原則：再笨的人都會

某天，豐田國外的工廠用錯了接著劑，工廠負責人馬上到倉庫調查原因，並叫來資材課的課長。

豐田外派人員如果在國外發生失誤，都要做好被開除的心理準備，但這位負責人對意氣消沉的課長這麼說：「我剛才去倉庫看了，種類相似的罐子都排成一排，所以上架、取貨時就會搞錯。請你想個方法防止類似狀況再次發生。」

課長沒有想到負責人會說出這番話，覺得深受感動，接著說出自己的對策。由於課長回答得並不完整，所以負責人還建議：「這邊再稍微這樣如何？」數日後，課長再次提出改善對策，例如，把罐子上的標記放大、用顏色來區分罐子的種類等。據說實施了課長所提出的對策之後，就再也沒有發生相同的失誤。

整頓也要下工夫改善！

去整理好倉庫。
我知道了。
沒有改善整頓的職場
持續改善整頓的職場
東西在哪裡啊？
C 保養劑
B 塗漆
A 接著劑
3 2 1
A-3 A-2 A-1
啊！在這裡！
放大標示，一目瞭然。

雖然整頓的基本大前提，是依物品種類放在特定的地方。但是，如果東西全都非常相似，上架時就很容易弄錯。豐田的整理是處置不要的東西，整頓則是人人都可以隨時取出所需要的東西，因此，就得設法整頓好貨架。

決定好什麼東西放在什麼地方之後，再標示清楚「A架-1-a」，就可以一眼知道位置和品項名稱等。整頓最重要的就是，如有失誤，一定要查明原因，並持續改善至大家想弄錯都無法弄錯。

22

規則不合時宜，馬上改

某企業的F老闆習慣定期巡視工廠，進行整理整頓並檢視有無浪費。某天，他發現工廠裡水、電氣、冷氣的配管，都各自塗滿了紅色、藍色、黃色等各種顏色的油漆。

F老闆有好幾個工廠，只有這個工廠如此。當F老闆問：「是誰告訴你們這麼做的？」員工回答：「工廠規定上是這麼寫的。」F老闆一看工廠規定，裡面的確寫著各種配管要塗上油漆，好讓大家知道哪一條配管是水的配管，哪一條配管是電氣的配管。問題是，配管全長有十公里，真的有必要從頭到尾都塗上油漆嗎？就算要區分，也可以每隔數公尺塗一段，抑或是用彩色膠帶來區別也可以。

從頭到尾全都塗上油漆真的是一大浪費。這個工廠之所以會有這樣的規定，

改變錯的規定

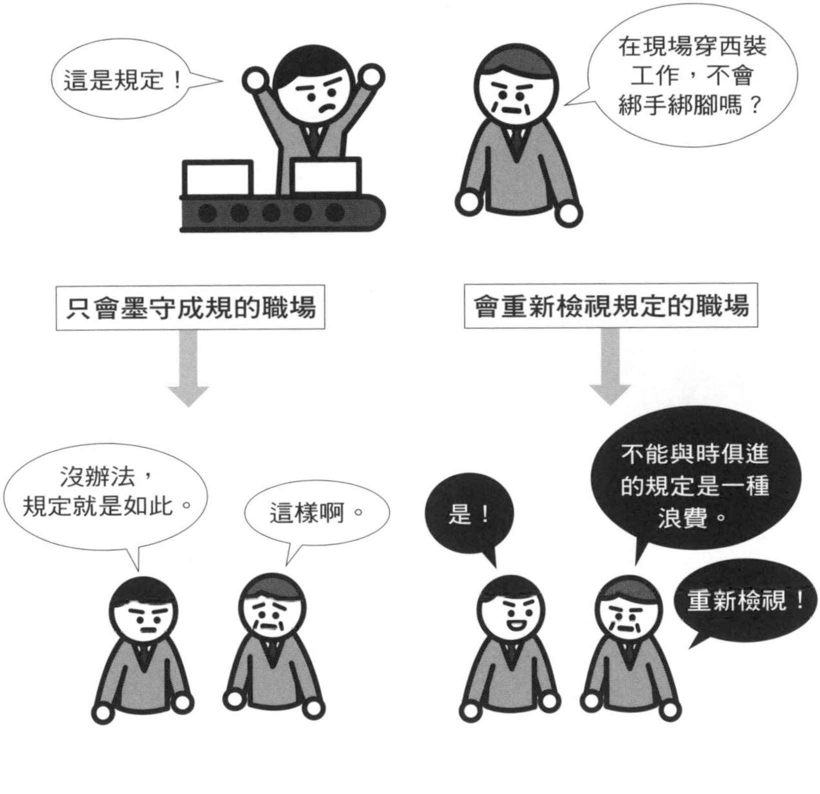
這是規定！
在現場穿西裝
工作，不會
綁手綁腳嗎？
只會墨守成規的職場
會重新檢視規定的職場
沒辦法，
規定就是如此。
這樣啊。
是！
不能與時俱進
的規定是一種
浪費。
重新檢視！

是因為制定當時工廠規模還很小。此外，F老闆重新檢視這條規則時，又發現了許多類似的內容。

要確實做到5S，的確需要制定各種規則，但是，如果未定期重新檢視的話，便會成為浪費。要落實更好的5S，一定要變更錯誤的規定。

23 努力也有表裡，不要疏忽「裡」的努力

「努力也有表裡。我曾試圖做好『裡的努力』。」這是前職業棒球投手桑田真澄說過的一句話。

桑田真澄在學生時期，曾經在甲子園拿下兩次優勝、兩次亞軍的亮麗成績。據說，桑田真澄念高中時，不僅醉心於「表的努力」（棒球的練習），也投入「裡的努力」（打掃廁所、拔草）。就是透過磨練表裡，他才能夠成為一流的棒球投手，而5S也有表裡之分。

某企業老闆平日常叮嚀要貫徹5S，所以對職場的整理整頓和清掃信心十足。某天，他突然抬頭看天花板，赫然發現了蛛蛛網和髒汙。「明明都有打掃，為什麼還這麼髒？」老闆又低頭看了機器的裡面和下面，不但髒還堆滿灰塵。老

留意看不見的 5S

我對我們公司的整理整頓有信心。
方便的話，要不要到我們公司去看看？
整理整頓非常重要。
只做「看得見的 5S」
會留意「看不見的 5S」
很乾淨對吧！
呃……。
謝謝！
了不起，我們要向貴公司學習。

闆叫員工去檢查平日不容易看到的地方，這才驚覺有些地方的骯髒程度，根本超乎想像。從此以後，這家公司的清掃作業就做得更仔細了。

這位老闆如此檢討自己：「平常大家總是嫌5S麻煩，所以我就自己帶頭先做。但是事實上我做的只是『看得見的5S』，『看不見的5S』根本沒沾手。」換句話說，就算是有潔癖的人，也常會忽視看不見的髒汙。如果能多留意看不到的地方，用心捍衛清潔的話，就可以有更好的工作環境。

當覺得已經完成5S時，不妨再費點工夫，檢查機器下面、貨架裡面。

24 製造工廠裡也需要的服務和微笑

5S，指的是整理、整頓、清掃、清潔、素養。

但是，實行豐田生產方式的某工廠裡，還有另外一個5S，那就是快速（Speedy）、簡單（Simple）、系統（System）、服務（Service）、微笑（Smile）。兩個5S合而為一，就稱為「W5S」，其中最引人注目的就是服務和微笑。

這是以前工廠從未有過的想法。主導這家工廠生產改革的G老闆說：「要實踐5S，絕對少不了服務和微笑。而只要澈底實施5S，自然而然會帶來服務和微笑。」

G老闆以社長的身分就任時，這家公司的員工不僅沒有笑容也互不交談，大

提高工作者對 5S 的認知

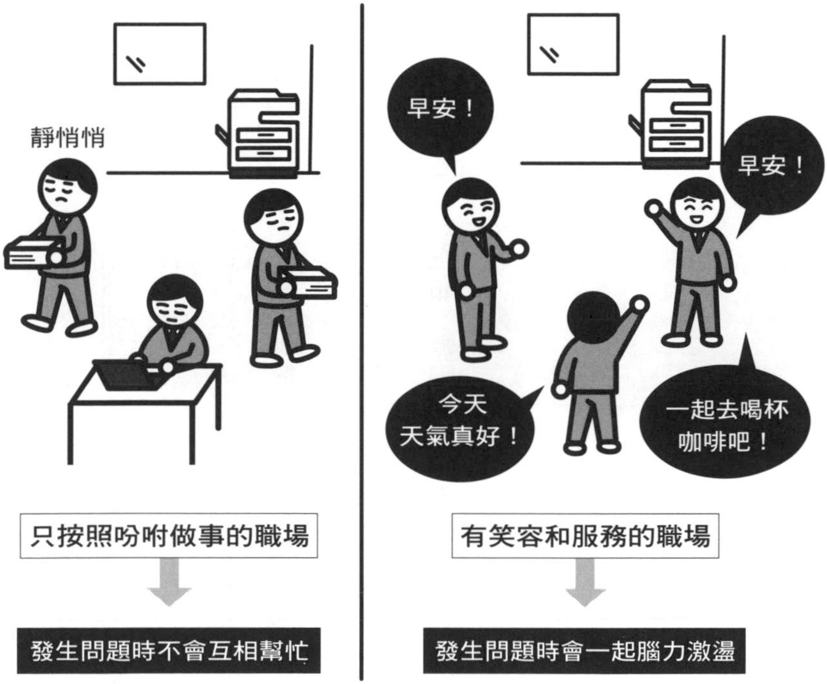

家都只是照著吩咐默默做事，對於改善沒什麼認知。因此，他們也沒有幹勁去做出高品質產品，也沒動力為公司創造利潤，所以G老闆除了進行豐田生產方式之外，還每天都到工廠笑著和大家打招呼。

起初大家都沒有回應，但數個月後，大家開始會互相打招呼。不久後，工廠不再靜悄悄，大家開始交談，一出現問題，還會一起腦力激盪，也有更好的工作表現。

換句話說，只要落實5S，就會產生服務和微笑。現場有了服務和微笑，就能夠更快速、更安全的製造優良產品。豐田5S，不僅可以讓職場變乾淨，還能夠改變工作者的認知，讓他們更有活力。

豐田汽車前社長
豐田喜一郎（1894～1952）

豐田改善傳說②

總之，做做看！

豐田汽車的創辦人豐田喜一郎的父親，是大正時代的有名發明家豐田佐吉（豐田集團的創始人）。

豐田佐吉陸陸續續發明了自動織機等許多產品，相對於豐田佐吉自學，豐田喜一郎則是畢業於東京大學的精英。因此，父子兩人在辯論時，喜一郎總是占上風。有時，當說贏父親的喜一郎說：「這個沒有做的價值。」時，佐吉就會說：「總之，做做看！」

據說，喜一郎心不甘情不願試做了之後，結果往往都出乎意料的好。因此，喜一郎就不再先討論，而是先實踐。此後，「成大事者不是巧言議論的人，而是果斷行動的人」，便成了喜一郎的信念，也成了豐田公司代代傳承的信念。巧言議論者常會推遲實行，但猶豫要不要做時，「總之，做做看！」就對了。

第 3 章

豐田人的口頭禪：先問五次為什麼

25 不要才想一天，就急著說自己做不到

工作中，一定會碰到困難的課題或麻煩的問題。

某位年輕的豐田人H先生，接到主管指示，要處理一個不合理的難題。H先生用自己的方式拚命思考，就是想不出解決方法，所以就向主管報告：「我想了很多，但就是做不到。」主管回答：「不要只想一天，就說你不會、做不到。」然後再給H先生緩衝時間，並表示：「我把期限再延一天，你再想一想！」H先生絞盡腦汁思考，還找前輩討論，但得到的結論依舊是太困難了。

次日，當H先生向主管報告辦不到之後，主管回了一句：「我知道了，我會再拜託其他人！」對H先生而言，這比挨罵還難受，情緒非常低落。隔天，主管卻對H先生說：「H，我們一起想辦法吧！」

要有無論如何都要解決的執著

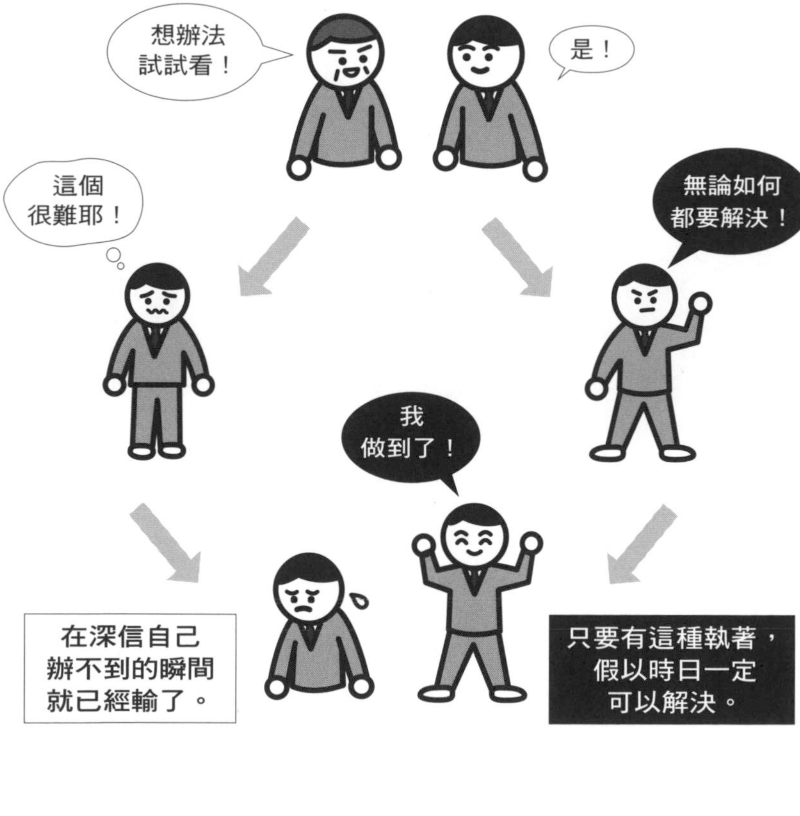

「H啊，這的確是一個很困難的問題。但是，一句『我不會，我做不到』，只會讓公司和現場更為難。最重要的是要有無論如何都要解決的執著。」H先生這才發現，因為自己一開始就認定這是一個難題，所以就拚命找藉口，而忽略了怎樣才做得到。後來，雖然花了點時間，但是在主管的協助下，H先生總算是想出了解決方法。

要克服難題，重點在不要想「我做不到，我不會做」，而是要認為「我可以，我辦得到」，如此一來，人才會專心思考該如何達成。

26

覺得不方便，就是改善的最佳時機

一提到解決問題、提出一些想法，很多人馬上就變得不自信，並表示：「這麼難的事情我做不到。」碰到這種狀況，豐田的思維是，從思考如何解決身邊的小麻煩開始。

豐田前社長張富士夫（請見第二五二頁）說過：「每個人都會有一、兩個麻煩的工作或必須修正的事情，難免都會有『工作真難做』、『好累』、『太危險』的念頭。（中略）當人有這些感覺時，一般反應是：『我想靠自己的力量修正或改變些什麼。』人們正是在這種情況下構思改善方法。這樣，當碰到重大事情時，才會自己思考解決方案，或者是和同事、主管一起想辦法，自動且積極的解決問題。」

不方便就是改善的時機

換句話說，豐田中的問題，就是指我們在日常生活中，會感到不方便或不愉快的事。因此，解決的第一步，就是思考如何讓難做的問題變輕鬆，如果認為可以靠自己的力量做點什麼時，改善的點子就會開始萌芽。在這個過程中，工作的意義和價值就會逐漸浮上檯面。

當自己透過思考發現問題時，自然就會有解決問題的智慧。

27

萬一失敗，就大聲說：「我失敗了！」

解決問題時最重要的是什麼？在豐田裡，最重要的是讓大家看到問題。

某位企業高層常對新進員工如此耳提面命：「失敗時請大聲說我失敗了。」沒有人喜歡失敗，也認為失敗很丟臉，所以做錯時，有人會想隱瞞，有人會想獨自善後，卻往往發生更嚴重的問題。因此，這位高層認為失敗時要大聲說：「我失敗了！」如此，身邊的前輩就會趨前來問：「發生了什麼事？」同時也會貢獻自己的智慧，協助你脫困。

這和豐田在生產現場發生任何異常時，先停下生產線的道理是一樣的。不過，許多企業的處理方式是，把不良產品挪到一邊，讓生產線繼續跑。由於根本問題尚未解決，所以反覆發生同樣的錯誤，而豐田的做法是讓大家都看到問題，

讓大家看到問題並尋求協助

並集思廣益一起解決，就不會再發生同樣的問題。

因此，發生問題時，首先要讓大家看到問題，然後立刻尋求改善。這個步驟就是邁向成長的第一步。

28 真正的原因，就在五個為什麼裡！

豐田工作術中，具有代表性的一句話是：「重複問五次為什麼。」在豐田的思維裡，問一次、兩次為什麼，只能知道表面原因，重複問三次、四次、五次，才能摸索並找到真正的問題點。

在之前某豐田的工廠內，數輛車的車門處，發現了小小的瑕疵。因為瑕疵非常小，只要利用塗裝等方法就可以覆蓋，且因尚在容許範圍內，所以才可以這麼處理。但是，負責人還是立刻趕到現場了解狀況，他確認了瑕疵大小以及瑕疵的位置在右邊車門手把處。於是，負責人一邊重複問「為什麼會有傷痕」、「為什麼」，一邊仔細觀察現場人員的工作情形。

某天，他發現是某作業員的皮帶扣刮傷了車子。這位作業員作業時，經常需

真正原因就在五個為什麼裡！

要改變姿勢，恰好他的皮帶扣頂到車門處，才造成了小小刮痕。負責人立刻糾正作業員的姿勢，並指示作業員將皮帶扣換成不會刮傷車子的材質，也指示其他人全都換上不會刮傷車體的皮帶扣。

「重複問五次為什麼」不能只是紙上談兵，一定要親自前往問題現場，才可能找出原由。發生問題時，只追究最淺顯的原因，雖然可以早點解決，但遲早還是會再度發生問題，想要真正解決，就必須找出核心問題。

29

針對一個問題，提出數個解決方案

就像登山路線不只一條，要達成工作目的的手段也不會只有一個。

某天，豐田人I先生為了解決主管所交付的問題，想出了一個好方法，I先生信心十足的向主管提出這個具體措施，沒想到主管卻這樣回答：「除了這個方案外，你還想了幾個替代方案？你所選擇的這個方案比起其他的，有什麼特別的優點？」對自己的解決方案非常有自信的I先生，原以為會獲得主管誇獎，所以被問到替代方案時，他根本回答不出來。

於是，主管對I先生說：「要達成一個目的，可以有好幾種方法。就算你認為這個方案無懈可擊，但是，只要之後出現可以用更低成本、更簡單的做法，就可達到同樣效果的方法時，無論多麼高明的主意都是失敗的。」

透過比較，選出最佳解決方案

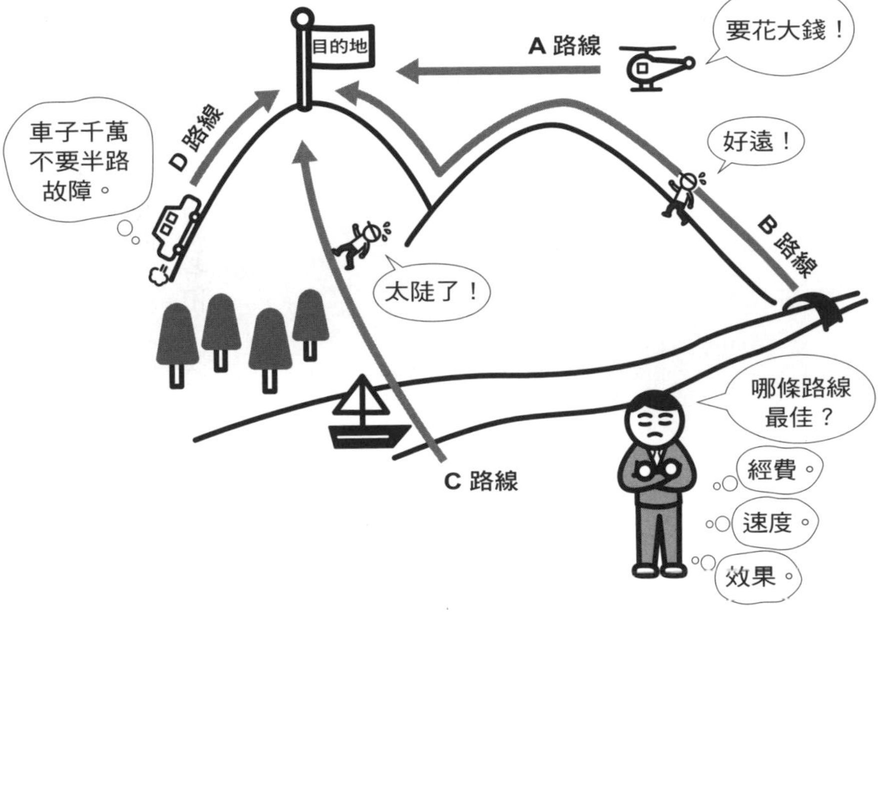

豐田生產方式最重要的是，想達到目的，要先盡可能提出所能想到的點子，之後再比較各方案所需花費的時間、金錢、效果等，從中選出最優秀的一個。

雖然比較花時間，但是經過思考和比較，就可以慢慢找出最佳方案。

30 不要當問題「診斷師」，要當問題「治療師」

指出問題很重要，但這樣並不能解決問題。最重要的是要提出具體的點子，來實際解決問題。豐田都稱開口指出問題的人為診斷師，能夠實際處理問題的人為治療師。

之前，豐田的某工廠須將每日預定的生產量，從八千輛提升至一萬五千輛。但是，這個工廠的合作公司，生產零組件的速度似乎有點跟不上，因此，豐田就派年輕的豐田人J先生去調查原因。J先生調查完畢之後回報生產狀況不佳，於是，大野耐一即刻說：「你馬上到鑄造廠走一趟！」所以，J先生一做完豐田的工作，就到合作公司指導改善，直至深夜。

一開始，合作公司的師傅把J先生的話當耳邊風，但是，他們被J先生每天

不要當診斷師，要成為治療師！

指導至深夜的熱情感動後，全心投入改善。沒多久，就能夠按照計畫生產了。

工作現場要的不是診斷師，而是能夠針對問題，想出具體解決方法，並能夠親自執行的人。

現場不需要只有一張嘴、光說不會做的人。

31 按照主管說的指示，再多做一點點

如果主管對工作方式指示的鉅細靡遺，絕大多數的人都會直接照辦。但在豐田裡，只照主管說的做，並不會獲得好評價，你一定還要加入自己的進階（＋α）智慧。

某天，進公司已有六年的K先生所服務的工廠出了問題，K先生所屬部門的職責，是要立刻給指示，但很不湊巧，那天K先生的主管正好出差聯絡不上。因此，K先生就自己下指令。

K先生想起之前工廠曾發生過類似的狀況，所以就給了和當時主管完全一模一樣的指示，平安解決了這個問題。但當K先生向主管報告這件事時，卻被主管嚴加叱責。這兩個問題非常相似，但並不完全相同，所以主管叱責K先生：「你

按主管說的做是理所當然，但還是要拿出自己的進階智慧！

為什麼不動動大腦想一個更好的指令！」

在豐田裡，即便是年輕員工，也要具備進階智慧。據說，大野耐一如果對部屬說：「例如可以這樣做。」而部屬真的只照著做的話，一定會挨罵。「我說了之後，照著做的是笨蛋，連做都不會做的是白痴，做得比我說的更好的人才聰明。」不管何時都在思考「有沒有更好的做法？」讓人學習動腦並提出想法，就是豐田的做法。

32 豐田式生產的精髓：加乘式經營

經商的人對數字敏銳並不是一件壞事。在AI（人工智慧）日新月異的時代，有數學觀、會用數字來思考，更是一大強項。但如果凡事都經計算後才下判斷，小心反而因此忽略了重要關鍵。

這是豐田卡羅拉上市之後，所引發的自用轎車普及化時的事情。

當時，豐田每月生產五千輛卡羅拉，由一百個人製造五千輛車的引擎。之後，在負責生產引擎的課長努力改善之下，兩到三個月後，只要八十個人就可以製造五千輛車的引擎。然而，卡羅拉的銷售狀況超出預期，讓豐田必須一個月生產一萬輛，所以大野耐一就問L課長：「生產一萬輛車的引擎需要多少人？」

L課長回答：「要一百六十個人。」八十人製造五千輛，一萬輛當然就是

只靠算術無法經商

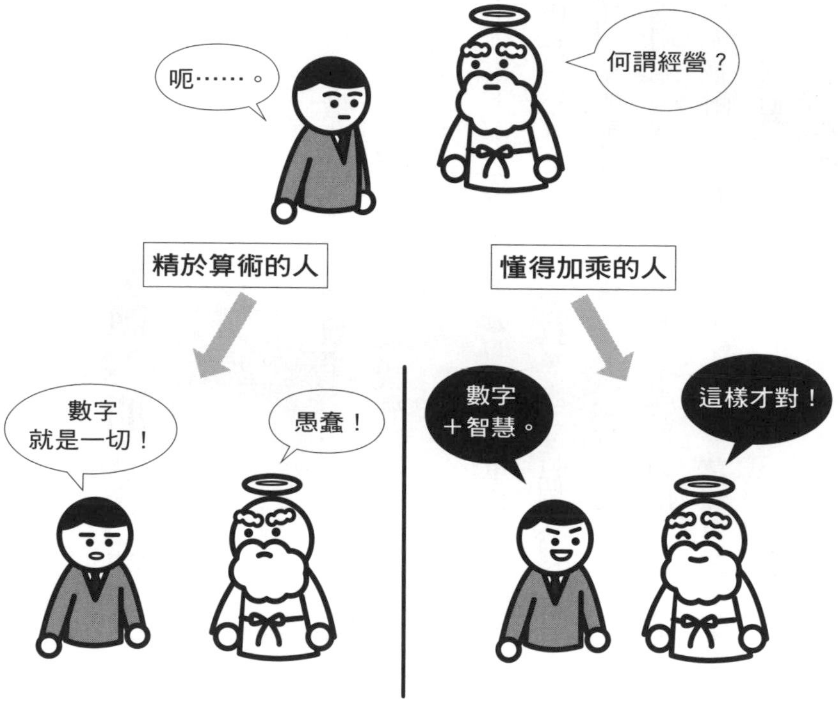

一百六十個人，但這個回答卻讓大野耐一勃然大怒：「2×8=16，小學早就教過了。我到了這把年紀，難道還需要你再教一次？不要把人當傻瓜！」L課長漏了一個最重要的關鍵，就是人的智慧。只單純用計算來應對增加產量的重大課題，是無法在競爭中勝出。之後，L課長卯足了勁，下足了工夫，終於讓一百個人就能夠生產一萬輛卡羅拉。

豐田的精髓，不在算術式經營，而是在能夠發揮人的智慧，讓人的力量可以發揮到最大極限的「加乘式經營」。

33

用五千萬做到五億的成果

人的智慧有時需要透過一些蠻橫、不講理的限制，才能夠萌芽、磨練。

過去，豐田在進行降低某款車成本的專案時，需要先投資十億日圓的設備，但是，廠方的豐田人M廠長，非常了解負責人大野耐一的個性。他想，如果跟大野耐一說要花十億日圓，一定會被他大罵一頓，所以就提出五億日圓的設備投資計畫。沒想到大野耐一的答覆是：「這個預算多了一位數，去掉一個零！」

十億是理所當然，五億算是勉為其難，用五千萬日圓做，根本就是蠻橫不講理。M廠長立即反駁：「做不到。」大野耐一大聲斥責：「你是會算命嗎？為什麼在做之前就知道辦不到？」

「只好想辦法拚了！」有此覺悟的M廠長，花了數個月的時間，連做夢都在

改善是結合了智慧和金錢

想辦法，終於想出了一個突破性方案，就是將這款車一部分的生產流程併入其他車款一起生產，如此一來，就可大幅縮短一輛車的生產時間。結果，M廠長真的用五千萬日圓的預算降低了生產成本。

就如大野耐一的口頭禪：「改善是結合了智慧和金錢。」人如果有豐沛的預算，就不會求改變，甚至不想動腦，但是，一旦預算受到限制，就會使出渾身解數想辦法做到。

有時，設下不合理的限制，人就會拿出智慧讓自己成長。

34 部屬就算失敗，也不能直接告訴他答案

豐田員工N先生，在進公司的第五年時，犯了一個錯。N先生原以為自己能做得很完美，但他不知道如何正確使用 POWER & FREE（一種輸送機），所以輸送帶因為空間不足而無法前進。如果是專家，絕對不會犯這種基本錯誤。

N先生正在頭痛時，大野耐一來了。他立刻叫來廠商，並問N先生：「這是你第一次使用 POWER & FREE 嗎？」N先生回答：「是的，第一次。」大野耐一便帶著N先生到豐田的另外一個工廠。雖然工廠裡的員工都下班了，但是大野耐一仍然打開燈，帶著N先生看了工廠裡所有的 POWER & FREE。

期間，大野耐一既沒有責備N先生，也沒有教N先生要怎麼做，但對N先生來說，這已經足夠了。後來，N先生修正了自己使用 POWER & FREE 的方法後

自己找出答案就不會犯同樣的錯誤

對不起！
我做錯了。
只下指示、不讓部屬思考的主管
會讓部屬思考的主管
是！
下次要
這樣做、
那樣做。
我會
想辦法
修正！
你認為要
怎麼做才不會
發生這種錯誤？

向大野耐一報告，大野耐一也只是「嗯」了一聲。

豐田生產方式的基本原則，就是靠自己找出答案。一般的主管或許會先斥責N先生，然後再找廠商修理，但大野耐一的做法是給N先生機會，讓他自己尋找答案。

對主管而言，給答案很簡單，但是，花時間讓部屬自己思考、培育部屬，對公司的發展而言，才是最大的資產。

35 誠實面對：是景氣不好，還是員工有問題？

企業發展不順利的時候，根據歸咎於外部原因或內部原因，會出現截然不同的結果。

某製造商的工廠，在該地區的市占率明顯偏低。本來工廠設在該處，基於主場優勢，銷售業績應該要很好，但這家工廠的市占率卻不盡理想，廠長就問業務負責人原因，得到的回答全都是因為景氣不佳、價格比同業高等外部因素。

「如果是這樣就無從改善了！」廠長於是轉而問客戶。「你們的業務員根本無視我們的需求，只是一味的推銷他們想賣的產品。」、「給個估價單總是姍姍來遲。」、「你們的業務員態度真的很差！」、「你們的業務員很少上門，別間公司的業務員都比他們熱心多了。」一問之下，幾乎所有原因都出在公司內部。

如果是內部問題，全都可以解決

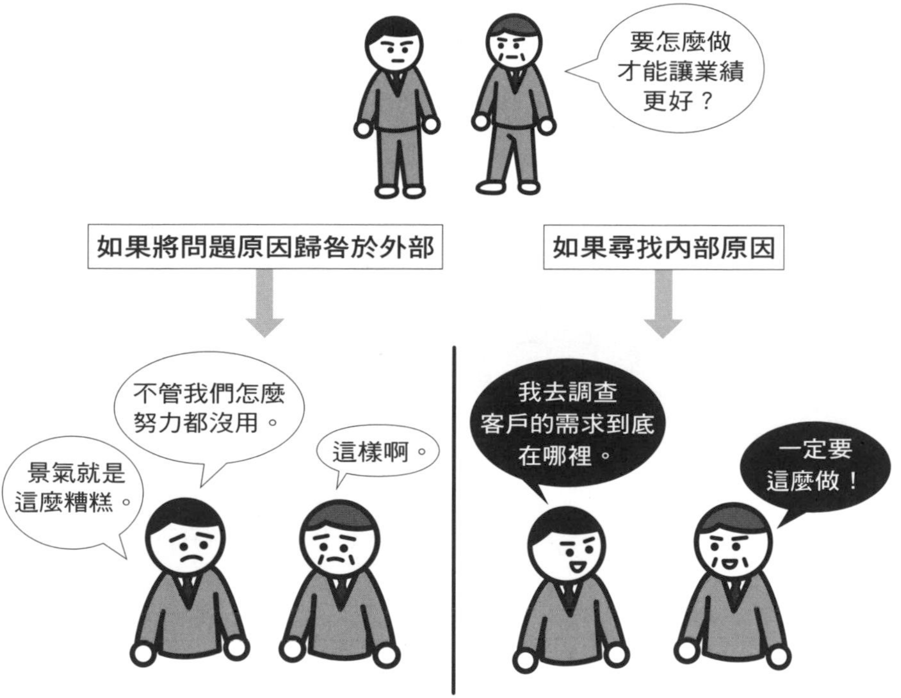

如果是外在原因，那就束手無策，但是如果是內部問題，只要肯下工夫就可以解決。因此廠長雙管齊下，他除了設法改變績效不佳的業務員跑業務的方法，讓他們一天能夠多拜訪幾家企業之外，還讓工廠人員有機會介紹公司的產品。於是，業績終於逐漸開始成長。

要解決市占率低的問題，一定要先找出真正的原因。如果把市場萎縮的原因全歸咎於外部的話，就發揮不了智慧。但如果從內在尋找原因，就可以發揮智慧並加以改善。

解決問題時，最重要的是找出真正原因，並澈底思考自己能夠做什麼。

36 不完美的建議可以激發完美點子

人的智慧，就是豐田生產方式的支柱。如果用錢使事物更加優良稱之為「改良」，那用人的智慧使事物更趨良善就是「改善」，因此，豐田非常執著於人的智慧。

這是曾參與卡羅拉和凌志汽車開發的豐田員工O先生，以泰國為舞臺開發適合亞洲地區的產品時的事。

因為銷售地區是泰國，所以定價必須比卡羅拉低，但對當時的豐田員工而言，實在很難想像比卡羅拉等級還低的車。縱使O先生問專案小組成員：「是不是可以從卡羅拉車體上拆解些什麼？」大家都回答：「沒辦法。」因此，O先生就想試著製造不完美的車給大家看。

完美等於沒有改善空間

我想把這款車
賣到東南亞。
我希望你們
告訴我需要改善
的地方。
太過完美讓人沒想法
沒有地方
需要修改。
這麼完美，
我認為不修改
比較好。
我想把這款車
賣到東南亞。
我希望你們
告訴我需要改善
的地方。
有點殘缺才會讓人有主意
不要那麼方正，
圓弧狀比較好。
再做小一點，
只讓兩人坐得下
怎麼樣？

看了這輛車的成員就一個一個開始提出各種主意，「我希望至少是這樣！」「如果不裝這個的話……。」適合亞洲地區產品的開發作業就此展開。

這種不完美思考的做法，大野耐一在制定標準作業流程時也曾嘗試過。現場資深員工有能力可以制定無懈可擊的標準作業流程，但太過完美等於沒有改善的空間。因此，大野耐一就制定了有缺漏的標準作業流程。於是，大家就紛紛貢獻出自己的智慧，讓標準作業流程獲得立即改善。

員工沒有想法並不代表沒有智慧，而是企業沒有提供讓員工可以集思廣益的空間。最重要的是，相信大家都有智慧，並思考出怎麼才能讓員工發揮聰明才智的機制。

37 機器不是買了就好，重點是誰來操作

過去，美國開發的機器，性能比日本製還高。而當時豐田採買了某家美國製的機器。

某工程師向大野耐一報告：「這次我們進了一部非常棒的機器！」時，大野耐一和工程師出現了以下對話。

「為什麼這臺機器需要三個人？」

「不論在美國或日產汽車，都是三個人操作的。」

「如果美製、日產汽車都是三個人操作，就請你設法讓一個人或兩個人就可以使用。我們要用這臺花了船票從美國買來的機器，製造零組件之後再把車子輸出到美國。如果做法還是跟美國一樣，就永遠無法贏過美國了。」

使用機器時加入人的智慧

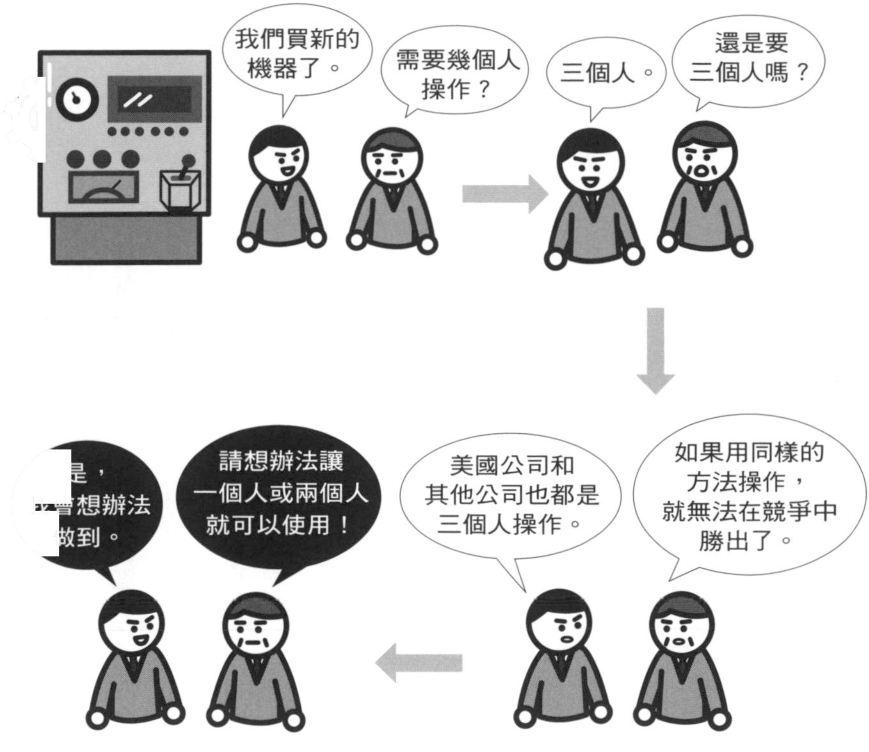

意思就是，操作機器時，員工要動腦。

現今這個時代，新機器一臺接著一臺問世，而且全都標榜方便好用。話雖如此，但如果因此相信只要買入機器，就可以解決一切問題，可說是大錯特錯。使用工具或機器時，一定要加上自己的思考。如果用和大家一樣的方法，就不可能做出差異，也無法超越其他公司。

豐田改善傳說③

打鐵趁熱，好運也能攬過來

豐田汽車前社長
石田退三（1888～1979）

一九五〇年，為了挽救陷入經營危機的豐田，在豐田喜一郎請辭社長一職後，石田退三繼任新社長位子，並發揮經營長才，建構了豐田後來的發展基礎，進而有「中興之祖」的美譽。

早年，他認識豐田創辦人豐田佐吉後，也擔任過豐田自動織機社長等職，原本本人很強烈反對正式進入汽車產業，但是，擔任豐田汽車社長之後，石田退三的表現非常活躍。

石田退三繼任社長後不多久，因為韓戰爆發而得到了美軍的大量訂單。美軍向豐田訂購了一千輛大型卡車之後，又續訂數千輛卡車。率先打頭陣談成這筆生意的就是石田退三。他認定，豐田若要重建，必須仰賴這個機會，所以他沒有把這件事交給部屬，而是親自上場，抱著打鐵要趁熱的決心，先住進在東京神田租的木屋，然後勤跑駐日盟軍總司令（ＧＨＱ），最終談成了這筆生意。

有人覺得石田退三只是剛好走運。但是，他自己認為，不論是走運或是僥倖，只有準備好的人才能抓住機會，正因為石田退三有打鐵趁熱的非凡行動力，豐田才能把好運氣都攬過來。

第 4 章

組織裡的浪費，比你想像中的多

38 先替浪費下定義，大家的標準一樣嗎？

提到豐田工作術，一般人第一個想到的就是減少浪費，但每個人對於浪費的看法不一樣。

例如，看到工廠裡堆積如山的材料和庫存，有人會認為：「有這麼多資材，生產就萬無一失，隨時都可以應付訂單的需求。」有人則會嘆息：「堆這麼多庫存，到底打算怎樣？資金周轉應該會很辛苦。」因此，對於浪費，全公司必須有共識。

豐田中的浪費，指的是無法提高附加價值的各種現象和結果。如果是生產現場，指的就是只會提高成本的生產因素；如果是間接部門（不直接參與生產的部門），則泛指沒有顧客、對客人沒有幫助等的現象。如果再進一步仔細觀察生產

找出浪費並設法消除！

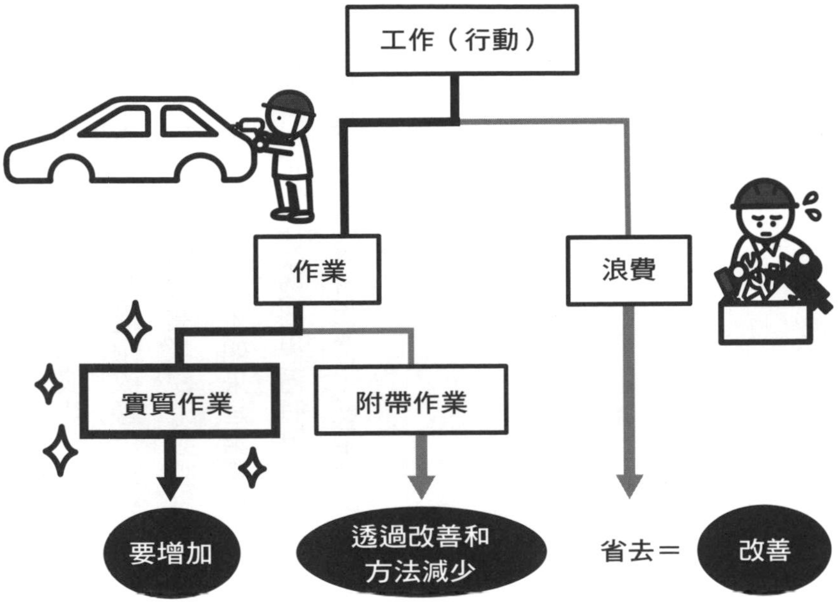
工作（行動）
作業
浪費
實質作業
附帶作業
要增加
透過改善和方法減少
省去＝
改善

現場，還可以進一步區分為「作業」和「浪費」，而作業可再細分為實質作業和附帶作業。這時就必須省去浪費，並從中改善，比較難改正的是附帶作業。

所謂附帶作業，是指在原本的作業條件下必須做的作業。例如，去拿放在較遠處的零組件、拆解零組件的包裝等。如果是業務員的話，為拜訪客戶所做的移動，就是一種附帶作業。這類作業要邊思考有無更好的方法邊修正。換句話說，消除浪費、減少附帶作業、增加實質作業，就是杜絕浪費的基本原則。

39

「沒有問題」的問題，就是最大的問題

企業老闆在巡視自家公司或營業處時，如果問：「有沒有什麼問題啊？」得到的回答絕大多數是：「沒有問題。」但如果是資深的豐田員工，他們會說：「沒有一個現場會沒有問題。如果沒有，就表示問題藏在某處還沒被發現。」

這是豐田員工P先生拜訪合作公司時所發生的情況。P先生一邊巡視工廠，一邊問生產線的組長和其他現場人員：「有沒有問題？」每個人都回答：「很順利。」P先生接著問：「什麼芝麻小事都可以，只要覺得有問題或有浪費就舉出來。」於是有人回答：「有兩、三個問題。」

P先生進一步問：「可以舉例說明嗎？」大家列舉了很多，P先生繼續問：「為什麼會有這種做法？」、「關於品質和不良品，有什麼問題嗎？」最後，大

世上沒有「沒問題」的職場

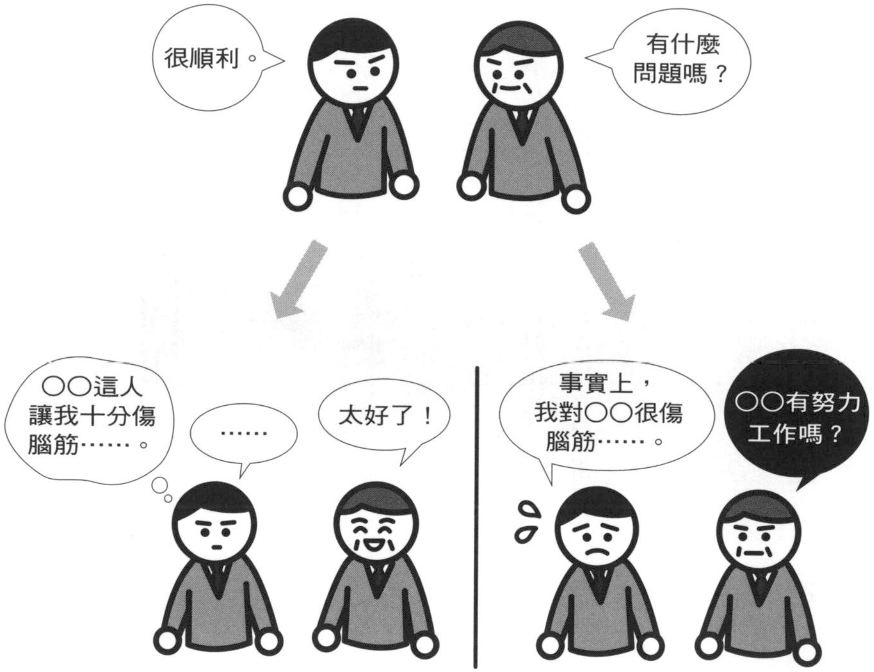

家列舉了百餘個問題和浪費。

無論是什麼樣的企業，現場應該都有很多需要改善的地方。要發現問題或浪費，除了要提升詢問和聽的能力之外，還需要有「沒有問題和浪費才是問題」的認知。

40 重新檢視自認為理所當然的事

工作需要知識和經驗，但挑戰新事物時，知識和經驗有時卻會成為阻力。

某天，某纖維公司老闆去請教前豐田員工Q先生。這位老闆說：「我每天為工作忙得焦頭爛額，可是業績一直都沒有成長，我真的經營得很辛苦。」Q先生聽完之後，立刻要求老闆讓自己參觀對方的工廠。

工廠有在運轉，生產也相當順暢，但是一到倉庫，Q先生看到了大量囤積的紗線原料。Q先生問：「庫存真多，有這個必要嗎？」老闆表示，存放數個月的庫存，是這個行業的常識，沒有庫存的話會影響生產。Q先生又繼續問：「下單訂紗線的話，多久可以到貨？」負責叫貨的人說：「快的話一天，慢的話兩到三天。」「如果兩、三天就可以到貨，就沒必要有這麼多庫存。我想您最好重新再

浪費就藏在舊有經驗中

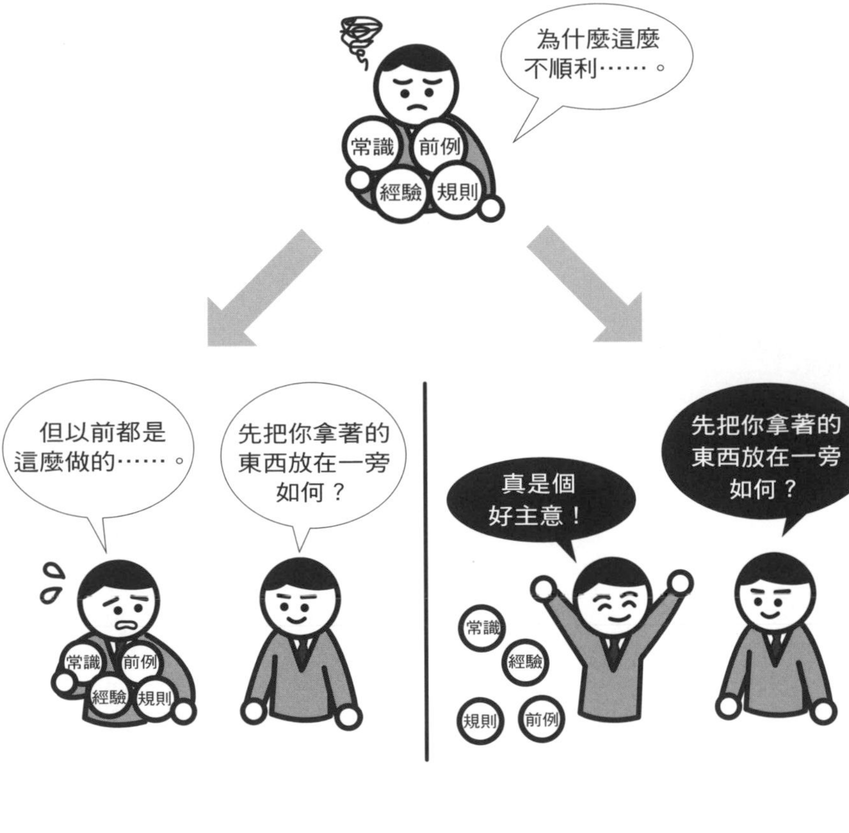
為什麼這麼
不順利……。
常識
前例
經驗
規則
但以前都是
這麼做的……。
先把你拿著的
東西放在一旁
如何？
常識
前例
經驗
規則
真是個
好主意！
先把你拿著的
東西放在一旁
如何？
常識
經驗
規則
前例

檢視一下。」這個建議讓老闆非常驚訝。

業界外的人之所以常帶來創新，是因為他們會對業界常識心存懷疑。太過被知識和經驗限制，不但不容易有新發想，也會無法消除浪費。對於自認為理所當然的事情，最好常問：「為什麼？」、「這樣做真的好嗎？」而這之中，或許就有省去浪費、掀起革命的啟示也說不定。

41 好主管得讓員工做事不要賣力

在豐田裡，有這一句話：「把行動變成能力。」簡單來說，就是行動方式要能夠和成果有關聯。大野耐一看部屬工作時，說了這一段心得：「為人主管要運用智慧，讓部屬不流汗也能順利工作。不要因為滿足於現狀就放棄改變，必須常問自己是否有更好的方法？是否有更輕鬆的做法？如此才能省去浪費，讓部屬的行動轉變為一種能力。」

某天，大野耐一和合作公司的廠長在現場巡視時，看到某位員工滿頭大汗，抬起很重的汽缸本體。廠長很滿意的說：「辛苦了，你很賣力！」大野耐一卻提出疑問：「為什麼他要抬汽缸本體？」一問才知道，原來是滾輪輸送帶壞了無法即刻修理，這位員工迫於無奈只好抬汽缸本體。

賣力不等於工作

讓部屬爆汗工作的主管
不錯，
你很賣力喔！
難道就沒有
輕鬆一點的
做法嗎？
好重！
讓部屬輕鬆做的主管
用這個會
更快更輕鬆。
謝謝！

大野耐一斥責廠長：「你讓部屬做這種工作是什麼意思？抬汽缸本體本來就不是人做的事，你還誇他『很賣力』？馬上去查還有沒有類似的情形！」廠長讓部屬去查，結果有三個類似個案，大野耐一又大聲斥責：「你們的工作不是讓部屬汗流浹背，而是要想辦法讓部屬不流汗也能輕鬆做事。」

多餘的動作無論累積多少都不會有成果，重要的是思考如何讓行動變成一種能力。

42

浪費必有因，多半因為不平均

有三點會影響工作成效，就是不平均、不合理（吃力、勉強）和浪費。豐田堅持，若要改進，必須按照不平均↓不合理↓浪費的順序處理。浪費必有因，只要擊潰原因，就能杜絕。

某汽車維修廠設備齊全，也有很多維修人員，卻常常來不及交貨。社長認為，這樣下去一定會失去顧客的信任，因此找上任職於豐田的好朋友商量。這位好朋友問了這個問題：「是常常趕不上交貨時間嗎？」社長深思之後，表示大致都趕得上，但是，一遲就遲得非常嚴重。

這位好友就給了建議：「我想應該是生產時間分配不平均導致，所以才會出現閒的時候閒得要死，忙的時候再怎麼拚命都趕不出來的情況。這樣不但會失去

不消滅不平均，就會出現不合理，並產生浪費

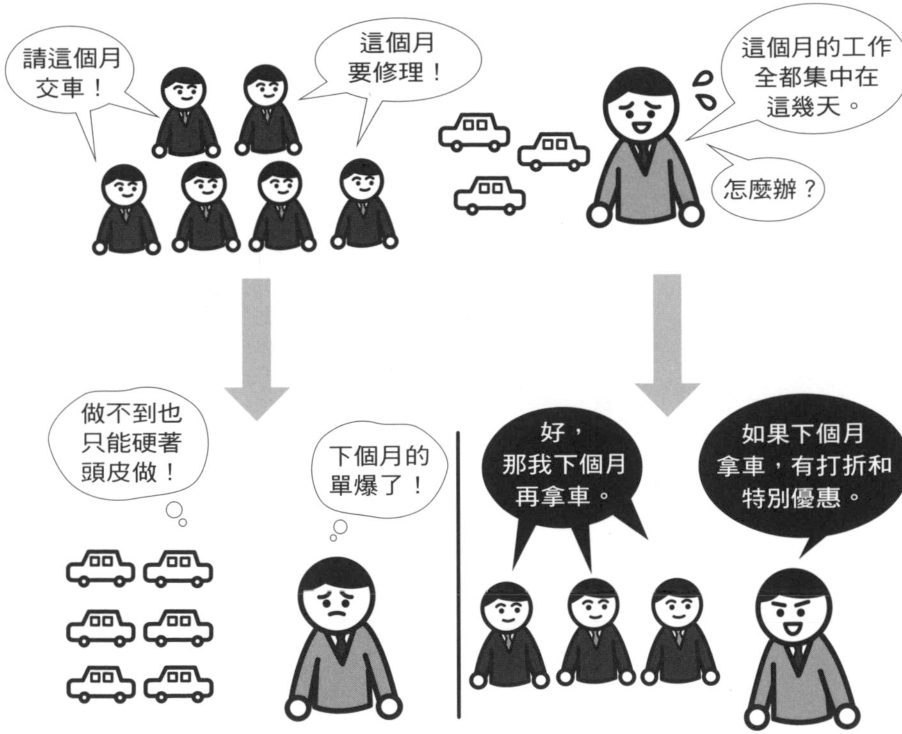

顧客的信任，人力、設備也會有所浪費。我建議你們設法改善接單的方式並思考交期。」

這家汽車維修廠的問題結構，就是典型的不平均↓不合理↓浪費。於是，社長採取了好幾個可以防止接單不平均的對策。結果，不但減輕了員工的負擔，讓客人困擾的狀況也少了許多。

會出現不合理、浪費，一定有原因，只有先解決問題根源，才能消除。

43 加班也做不出成果時，就準時下班吧

這是某企業老闆R先生，過去帶領開發部門時所發生的事情。這個開發部門長期以來都是虧損狀態，R先生執掌這個部門時也常為赤字苦惱。

R先生為了想讓開發部擺脫赤字，每天和部屬加班到深夜，就連星期六、日也到公司上班，但還是無法轉虧為盈。「我們都這麼努力了，為什麼還是沒有好轉？」大家心中充滿疑問。

某天，R先生的主管給了R先生一個建議：「因為你們這麼賣力，所以才會出現赤字，不要這麼拚命，就會是黑字了。」一開始，R先生以為是主管想減少加班費才故意這麼調侃，有位部屬卻認為：「我想主管的意思應該是要你停止過度賣命，先冷靜下來。」

試著不要太努力！

對於企劃，你有沒有什麼想法？
還沒有。
打起精神來，再繼續努力！
累死了。
最近一直都在加班。
也是，今天就準時下班吧！
早點回家，就想出了許多好點子！
太好了！

R先生立即停止加班，每天準時下班，連休假日也不上班了。於是，他看見了之前因拚命工作，在焦慮、疲勞的狀況下，所沒看到的各種問題。例如，他終於明白，無法戰勝對手的原因，是因為速度太慢。因此，R先生透過提升研發速度，和競爭對手互別苗頭、勢均力敵，逐漸轉虧為盈。

碰到這種情況，需要的不是加倍努力，而是冷靜重新檢視該怎麼做。太常加班必有原因，只有找出並加以解決，才能夠消除因長時間加班所造成的浪費。

44 永遠有細微的多餘可以被發現

企業剛開始實施豐田工作術的杜絕浪費時，大家都很努力在消除。

但這之後才是問題。實行了半年，整理、整頓告一段落之後，相比以前，越來越難發現浪費，而浪費又有分「容易看到的浪費」和「不容易看到的浪費」。例如，有大量庫存的企業，一旦改用豐田生產方式，就可以一口氣減少許多庫存，這種庫存上的耗費，一眼就可以看得一清二楚。

但是，如果原本就沒有什麼庫存，只有必要時才準備必要的資材的公司，就很難看見，換句話說，相對於浪費多的公司，浪費少的公司反而不容易發現哪裡有多餘物品。

因此，當大家開始認為已無消耗時，就要動腦思考「是否可以更快完成今天

認為已無浪費的瞬間，才要開始杜絕！

的工作？」、「是否可以再提升今天的工作品質？」、「是否有更好的工具？」等。這麼做，才能看到更細微的多餘、更應該修正的地方。

最重要的是要有追求更好、更快、更便宜的心。

45

「專心一點！」「小心一點！」都是廢話

對常犯錯或總是犯同樣錯誤的員工，你是不是只會說「專心一點」、「小心一點」？豐田認為，要針對錯誤，查出問題點並改善，讓同樣的問題不再發生。話是這麼說，但人無完人，就算經驗再豐富、技術再純熟，還是很難做到零失誤，而且在作業時通常需要邊選擇、邊判斷，所以只靠叮嚀就想根絕失誤是不可能的。

要防患出錯，就要設法對人體貼，給人方便。例如，把需要的零組件排得亂七八糟送出去，作業人員在工作時，勢必會分心，但如果把需要的零組件，在適當的時機送過去，讓作業人員只要拿了就可以安裝，如此就能大幅減少失誤。

以鎖八個螺絲來說，如果作業人員必須先從幾十個螺絲中選出八個再鎖上，

設法對人體貼，給人方便

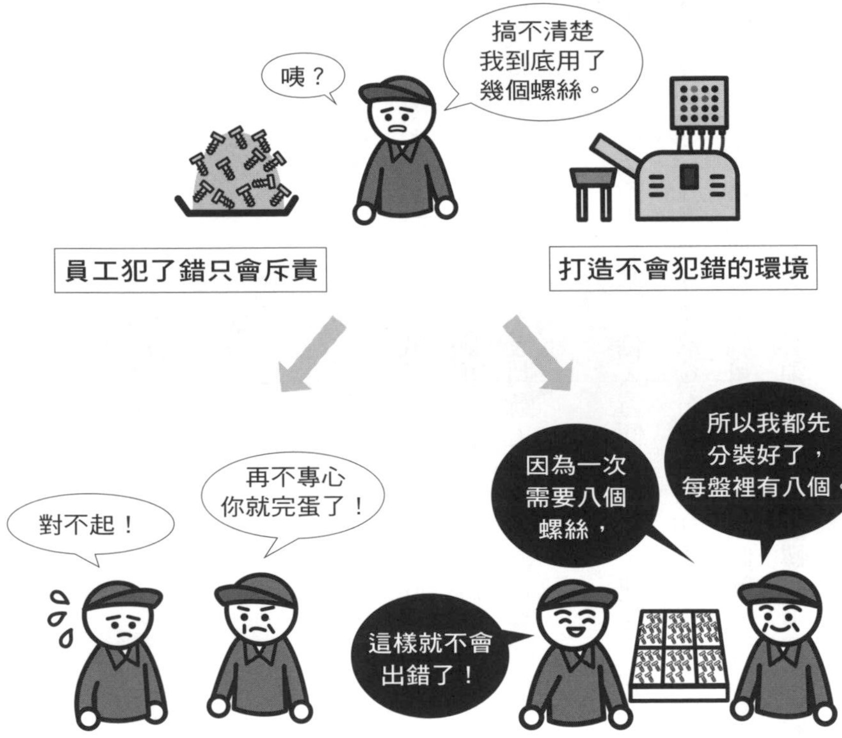
咦？
搞不清楚
我到底用了
幾個螺絲。
員工犯了錯只會斥責
打造不會犯錯的環境
對不起！
再不專心
你就完蛋了！
因為一次
需要八個
螺絲，
所以我都先
分裝好了，
每盤裡有八個。
這樣就不會
出錯了！

就很容易出錯。但是，只將八個需要的螺絲適時送過來，作業人員馬上就會注意到是否漏鎖了一個，如此就可減少出錯，打造一個想犯錯都犯不了的職場。

46

浪費不用刻意找，它會自己跑出來

世上有兩種人要格外留意，一種是完全沒有察覺浪費的人，一種是察覺之後放著不管的人。前者只要教他浪費是什麼即可解決，但後者是假裝沒發現，所以不知不覺間就會變成察覺不了浪費的人。

如果不希望成為這樣的人，該怎麼做？那就養成在工作現場邊走動，邊常問為什麼的習慣。

杜絕浪費的高手大野耐一說過：「要排除浪費，首先，要培養察覺浪費的眼力，再思考如何排除，而且要反覆做，不論何時、何地，都要不厭其煩的執行。」與石田退三共同被稱為豐田中興之祖的前社長豐田英二也說過：「問題就在眼前滾來滾去，能否把滾動中的問題挑出來，還是要靠個人的習慣。只要有習

問為什麼，便能察覺浪費

假裝
看不見。
浪費
浪費
浪費
總覺得做什麼
都不對勁！
浪費
浪費
浪費
為什麼
用這種做法？
為什麼
放這裡？
浪費
浪費
浪費
浪費消除！
真是神清氣爽！
浪
費
浪費
浪費

慣察覺，自然會在意，所以不是要刻意去找問題，而是要把問題撿出來。」

簡單來說，就是要邊審視現場，邊不停的問自己為什麼，「為什麼這樣做？」、「東西為什麼要這樣放？」並思考有無更好的做法且一察覺就馬上行動，如此一來，浪費就會自動出現。

47

無效會議也是一種浪費

大多數人都覺得開會是一種浪費，卻無從改善。

某企業老闆，對自家集團和公司所召開的會議進行調查，赫然發現開會時間的長短，雖然會因職務和階級而不同，但是業務人員竟然把三分之一的工作時間都花在開會上。

如果事情可以透過會議迅速解決當然很好，但是拖拖拉拉、過多的會議，除了浪費人力、金錢、時間之外一無是處。這位企業老闆就任管理職時對開會深感厭惡，所以一晉升社長後，就提出以下改善方案：

1. 撤離會議室裡所有的椅子，改成站著開會。

會議中的耗費

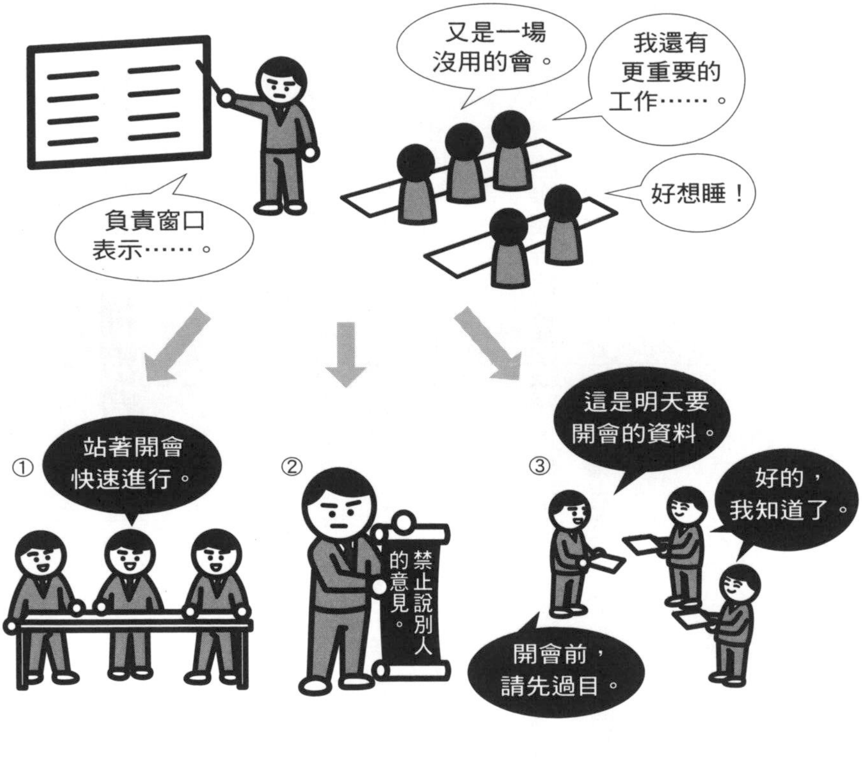
又是一場
沒用的會。
我還有
更重要的
工作……。
好想睡！
負責窗口
表示……。
①
站著開會
快速進行。
②
禁止說別人
的意見。
③
這是明天要
開會的資料。
好的，
我知道了。
開會前，
請先過目。

2. 禁止說出「負責窗口表示……」等別人的意見，並指示要用自己的話表達自己的意見。

3. 事前先把資料發給大家。

據說用這種方式開會之後，不但把開會時間縮短至原本的三分之一，而且次數也明顯減少。最近，沒有隔板或隔間的開放式辦公室越來越多，而且有事就吆喝一聲相關人士集合，並當場就做決策的企業也有增加的趨勢。

你們公司是否還是浪費很多時間在開會？問為什麼要開會、討論、舉行發布會，也是一種重要杜絕浪費的行為。

48

用四個人，完成八個人的工作

某企業考慮將開發部門的人數減半。

生產部門採取豐田生產方式後，已經讓成本價格變得更便宜，但因為遲遲未著手改革間接部門，所以生產部門的成本雖然降低了，公司整體的成本並未降下來。為了讓成本不高於其他同業，公司決定將間接部門的人數減半。

首先，他們先進行整理整頓，澈底消除工作中的許多浪費。例如，為了避免某些工作只有一、兩個員工會做，他們澈底實施標準化，盡可能讓很多人都能做各種工作，簡單來說，就是積極培養多能員工，然後再將人數減半。

起初，因為員工們還不習慣，需要加班，所以公司會派人協助，後來，他們著手調查「為什麼需要加班」，一件件找出原因後，馬上改善。最終用一半的人

試著挑戰不可能

這個部門
四個人
可以嗎？
認為不可能就是不可能
藉由挑戰不可能而成長
現在大家
都已經在
加班了。
不可能啦！
是喔。
只要能夠
消除浪費，
應該做得到。
我試試看！
在你們習慣之前，
我會全力幫你們。

力也可以準時完成工作。

要提升工作效率、速度，一定要杜絕浪費。但是想要大幅成長時，就必須挑戰不可能的課題。每天減少一點消耗，他日就可以挑戰大課題。如此一來，員工、企業才能夠成長，並獲得滿滿的成就感。

豐田改善傳說④

不想「能否做」，只想「如何做」

——豐田汽車前社長
豐田英二（1913～2013）

豐田英二是豐田佐吉的侄子，東京大學畢業之後，豐田英二便參與創辦豐田汽車。一九六七年擔任豐田汽車的社長。最值得大書特書的地方就是，他主導了在全世界熱銷四千七百萬輛的卡羅拉的開發工作，並讓日本掀起了自小客車普及化的旋風。

豐田英二進入豐田時，公司尚不確定日本是否真的有能力製造汽車。但是，豐田英二之所以決定進入公司，就是一心想製造好的汽車。根據豐田英二所說，為了要完成大多數人都認為困難的事情，他決定自己先做。

「一旦有人回答不行之後，我就會只收集不行的資料，而不是重新檢視或尋找可行方法。我決定自己先做。所以我要檢討的，不是『能否做』，而是『如何做』。我是靠這股強烈信念，突破撞牆期，找到前進的道路。」

如果猶豫不決，就下定決心去完成。如此一來，就會卯足勁拚命思考如何做才能達成目標。

第 5 章

掌握五大要點，豐田人這樣寫報告

資料可以展現製作者的能力，而且現場真正需要的，是少少幾張就可以準確掌握重點的資料。

49 想跟我談？先整理一頁報告！

據說，蘋果的創辦者賈伯斯年輕時，曾把國際商業機器公司（International Business Machines Corporation，簡稱ＩＢＭ）所出示超過百頁的契約書丟進垃圾桶裡，並斬釘截鐵的說：「如果想跟我談，就歸納成數張紙。」而一九八〇年代，讓奇異（ＧＥ）蛻變成最強企業的傑克．威爾許（John Francis Welch Jr.）也最討厭名門企業那堆積如山的文件，他常說：「去整理成一頁！」、「不要給我一本精裝書！」他也會對喜歡做冗長簡報的人說：「你花好幾個星期在準備投影片中的圖表，應該都沒有把心思放在市場上吧！給我出去跑業務！」

把文件整理成一張 A3 大小！

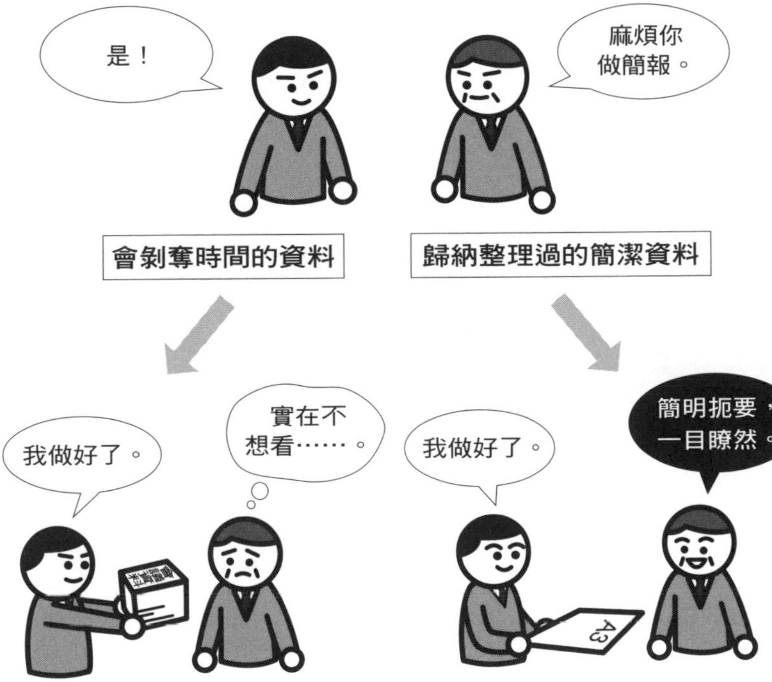

重要的不是製作一份厚厚的文件，而是要先整理自己的想法，再用經過反覆考量、澈底思慮過後的觀點和資料說服大家。

在豐田有個鐵則，就是把文件歸納成一張A3大小的紙張。理由是，歸納成一張A3大小之前，一定會反覆思考，而簡潔扼要的資料，既不會剝奪閱讀者的時間，也可以加快閱讀者的判斷。

50

豐田式報告，只能寫五個重點

就如先前所介紹的，豐田有個不成文的規定，就是文件要簡潔歸納在一張A3大小的紙張裡，之所以堅持一張A3是基於兩個原因。

第一，主管只要看一眼就能夠了解文件的內容，既不會浪費太多時間，也可以加快判斷的速度；第二，因為要在一張A3內整理重點，必須運用豐田的所有know-how。

另外，要整理成一張A3時的重點，大致可區分成以下五點：

1. 目的、來龍去脈：簡潔寫出問題要點，並敘述問題的背景、經過、意義和重要性。

豐田式一張 A3 大小文件中的內容

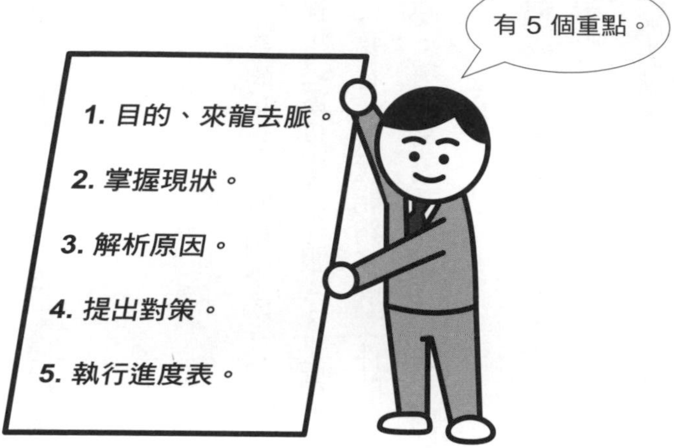
有 5 個重點。
1. 目的、來龍去脈。
2. 掌握現狀。
3. 解析原因。
4. 提出對策。
5. 執行進度表。

2.掌握現狀：透過現場、物品來說明問題的特徵，讓閱讀者正確掌握現場訊息。

3.解析原因：透過重複問五個為什麼來分析問題，並找出問題核心。

4.提出對策：寫出消除第三點的方案，基於「達到目的手段能有無數個」原則，要提供兩個以上，以便閱讀者做比較和檢討。

5.執行進度表：擬定具體落實方案的行動計畫，讓閱讀者可以明確知道誰在何時之前要做什麼。

換言之，要整理成一張A3，最重要的是要運用豐田內的所有方法，反覆思考並具體行動，如果疏忽了五點中的任何一點，文件中的內容就會產生矛盾，所以製作這類的文件，就是培養豐田式思維的最佳手段。

51 做了沒人看的資料，立刻喊停

對業務員而言，製作文件就占了他們一大部分的工作時間。如果是間接部門的人，除了要整理生產部門、業務部門提出的報告外，還得製作要上呈給主管的資料、企劃書或是開會要使用的資料等。

每一項工作都很重要而且耗精神，但如果因為文件過多，而沒有時間到現場，就是本末倒置，也白白浪費所製作的文件了。

約二〇〇〇年才開始上市的某公司高層，一開始很關心股票的買賣數量，所以就要求某個部門要報告各證券公司的買賣股票數量。之後卻不再那麼熱衷，也就不再要求相關資料。

數年後，那個部門換了負責人時，新的負責人問：「社長，最近您好像都沒

不要再製作無用資料

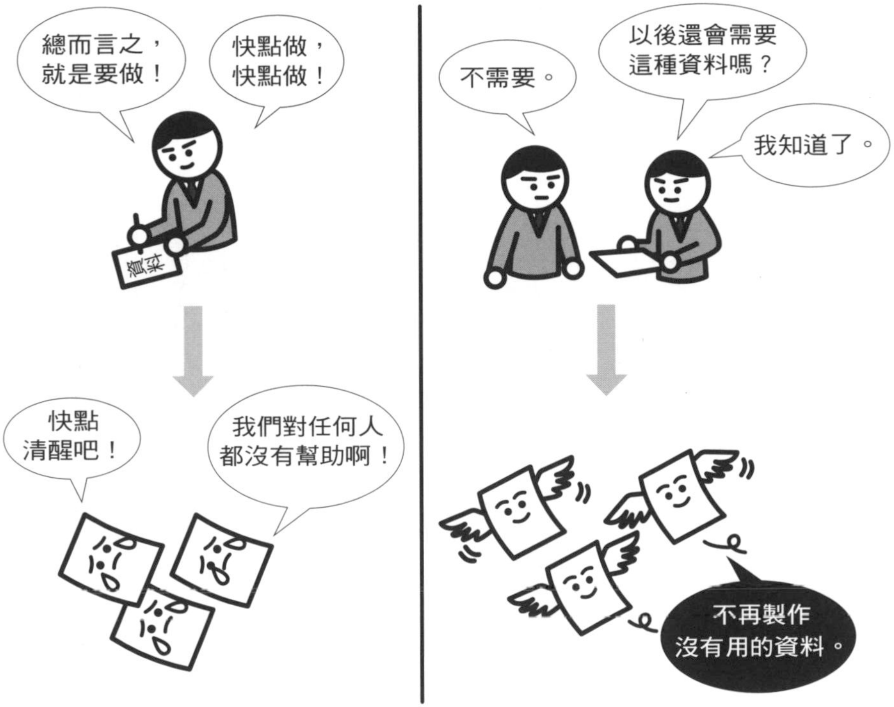
總而言之，
就是要做！
快點做，
快點做！
資料
快點
清醒吧！
我們對任何人
都沒有幫助啊！
不需要。
以後還會需要
這種資料嗎？
我知道了。
不再製作
沒有用的資料。

有看股票買賣數量的報告。」這位高層非常驚訝他們竟然還在製作股票報告。當然，這位高層自己也有問題。有了這次的經驗之後，他會呼籲員工：「有沒有人像這次一樣，還在繼續製作沒人看、沒有用的資料？我想不做這類工作，應該也不會有任何影響，還可以趁著這個機會，改進其他工作。所以請大家務必要仔細環顧我們的職場，看看如果停止什麼工作，會造成什麼影響。」

一項工作一旦有人開始做了之後，就會不斷進行下去，但有很多都是早該停止的工作。因此，想要排除無用的文件和工作，就必須適時盤點。

52 最好的報告就是不用說明，對方也看得懂

以前家電製品的使用說明書，都厚厚一疊很難看懂，而賈伯斯最受不了這種說明書。

某天，蘋果一位編寫產品說明書的人說：「我必須寫到連高三的學生都看得懂說明書！」賈伯斯即刻反駁：「不，應該是小一的學生都要能看得懂，或許我應該考慮找一個小一的學生來寫。」就因為這樣，所以蘋果大多數的產品，就算沒有說明書也能夠操作。

世界最成功的投資家華倫．巴菲特，曾為自家公司的股東寫年度報告。巴菲特這時考慮的點是，雖非商業白痴，但也非專家的姊姊是否能看得懂，「不管什麼事情，如果自己理解真正的意思，就要用讓別人也能夠明白的方式傳達。」

傳達方式要清楚明瞭

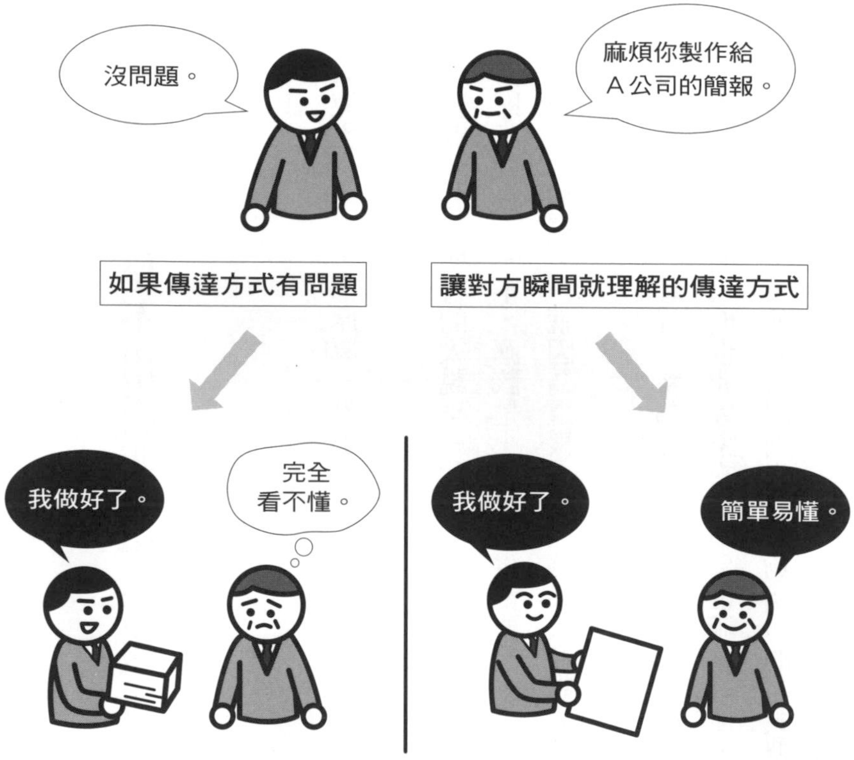
麻煩你製作給A公司的簡報。
沒問題。
如果傳達方式有問題
讓對方瞬間就理解的傳達方式
我做好了。
完全看不懂。
我做好了。
簡單易懂。

負責製作資料的人，有人喜歡用艱澀難懂的詞句，並責備看資料的人「看不懂是你的錯」。但是，沒把要傳達的事情傳達給對方，就是表達方式有問題。豐田用一張A3大小的紙製作資料，就是要讓人一眼就能掌握重點，如此就可以迅速下判斷。

因此，要傳遞訊息或製作資料前，一定要審慎分析和確實理解。

53

把工作目標貼出來，讓所有人都看得見

豐田自己有一套文件整理歸納法，但文件的使用方式和展示方式有另一個特色，那就是公司會把員工所做的圖表、函件等，張貼在公司裡。

實施豐田工作術的某企業工廠，把員工完成什麼、尚在挑戰什麼、能力得分表、技能學習狀況、改善提案的施行狀況等，張貼在參訪者可以看到地方。更令人驚訝的是，這家工廠甚至還會把全體員工的今年目標，和目標達成進度也貼出來。一般來說，這些東西是不會給外部人士看。

有人問這家公司的高層：「做到這種程度不會讓員工討厭嗎？」對方說：「我們這麼做，讓大家每天都可以看到目標，自然也就會有『必須達成』的工作熱情。」

文件的展示方式，會改變目標的達成率。

這家企業以前曾把員工提出的目標輸入進電腦，只要想看就可以看得到。但是實際會去看的人寥寥無幾，因此，他們改把目標貼出來，而且在員工的名牌下方，用小小的字寫出這個人的目標。於是，看到這一小行字的人就會注意到「原來這個人有這個目標」，並為對方加油打氣。換言之，就是將目標視覺化。

豐田認為，「改善的最大獎勵，不是金錢，而是鼓勵」。周遭人對目標的關心和鼓勵，會轉化成實踐的原動力。

54 豐田的最大資產：失敗報告書

只要工作，難免就會遇到嚴重挫折。這時該怎麼辦？雖然挫敗有時越早忘掉越好，但是工作上的失敗，只是記在心上，並不能夠成為你的資產，也不會讓你成長。

在豐田，如果犯錯的話，除了要查清楚原因之外，更要把改善做法寫成報告，這在豐田內被稱為「失敗報告書」。

當時，豐田英二還是研發部的負責人，他向美國訂購了研發所需要的機床，但是貨到時才發現設備有問題。他抱著被解僱的心情去找主管談，結果主管只是冷冷的說：「是你自己說沒問題的，你自己看著辦！」而豐田英二就獨自去向高層賠罪道歉。

透過記錄，錯誤才能成為資產

豐田英二認為自己一定會被痛罵一頓。結果，高層問了他一句：「你知道機器的問題出在哪裡了嗎？」他回答：「我知道了。」高層說：「你知道就好。這次的失敗就當作是你繳的學費。」而讓豐田英二最難忘的，是高層之後說的這句話：「去把失敗寫成報告！」

寫報告，對犯錯的人而言是一種寶貴的教訓，而別人也可以藉由查閱報告，從中得到很多難得的經驗。

55 不能只是展示資訊，要有解決方法

某鐵路公司決定把駕駛員和車長所發生的有驚無險事件，歸納整理成報告，並張貼在公司的布告欄。所謂有驚無險事件，是指日常生活當中，險些釀成重大災害或事故的事件。

這家鐵路公司一開始就收集很多有驚無險事件的訊息，所以布告欄非常滿。但是過沒多久，能張貼的張數開始銳減，因為，他們只有收集資訊，卻沒做任何改善，如此一來，擠出時間寫報告就沒有意義了。

看到這種做法的前豐田董事說：「這麼做不叫視覺化，只是展示化。如果無心改善的話，貼這些東西也沒有用。」這段話讓這家鐵路公司改變了流程，他們在有驚無險事件的報告中，還寫入了公司方面的對策和期限，並竭盡所能從能夠

不能只展示資訊，更要有對策

改善的地方開始行動。

做報告的目的，不是只練習寫、看，最重要的是，要充分利用報告中的內容。如果疏忽了這一點，好不容易做到視覺化，就會變成展示化。因此，若要改善報告，必須同時改變利用報告的方式。

能夠讓報告成為可用之物，就是用一張A3紙整理資料的最大優點。

56

點子好不好，做了才知道

這是某企業舉辦品質管制活動時的事情。

一位擁有高學歷的工作人員斬釘截鐵的說：「您說讓現場的人去解決問題，但是他們都沒讀什麼書，讓他們去，也只是浪費時間而已。」於是，主管問他：「你的確讀得比現場的人多，可以想出不錯的解決方法。但是，你之前想出來的解決方法或對策，又在現場實踐了多少？」

被主管這麼一說，這位工作人員頓時啞口無言，因為在這之前，他的確想過好幾個對策，但幾乎都因為現場人員反對而無法執行，或者就算執行了，也幾乎看不見成效。

而另外一位要重建某企業而擔任社長的S先生，在視察過現場後，對員工發

想法如果不能具體，就無法傳達給他人

布計畫，這個計畫做得很不錯，卻沒人出聲贊同表示「可以試試看」。於是，S先生讓每十個人一組，分別進行詳細說明。解說時，他不但把新的生產方式寫在投影片上，還製作模型讓大家都能看懂。

這就是豐田所說的「將想法視覺化」。無論多麼好的點子、多麼淺顯易懂的文件，如果不能讓大家都理解，就沒有用。盡己所能把自己的想法具體化，並一直說明到能夠讓他人懂為止。

57 人人都要有一本「防止錯誤再發生筆記」

在日常生活中，人人都會犯小失誤。例如，製作文件時打錯字、數字，或是搞錯對方的名字，抑或是應該是一式三份的文件，結果只送了兩份過去，甚至是弄錯開會或協商時間。

建議大家犯這類錯誤時，把它們附加在「防止錯誤再發生筆記」中，讓自己思考「我犯了什麼樣的錯」、「我為什麼會犯這種錯」、「為了防止這個問題，我可以有什麼樣的對策」等，再歸納整理寫進「防止失誤再發生筆記本」裡。

如果是製作文件時，弄錯了日期、出席者、文件名稱、數字等，可以把文件縮小影印，再用紅色麥克筆、簽字筆等，把打錯的地方、應該要注意的地方圈起來。豐田認為，只是口頭提醒，很難降低失誤。

不要漏掉任何小失誤

我一恍神，
就把開會要用的資料
丟進碎紙機裡了！
口頭注意
利用防止錯誤再發生筆記
我下次
會小心！
先仔細區分不要的
文件和需要的文件
之後再歸檔。
把它寫進防止錯誤
再發生筆記裡。

如果員工犯好幾次同樣的錯誤，就會被質疑工作能力不好。因此，即使只是小失誤，如果能一一想好對策和原因，並且把它們記錄下來，就可以減少再犯的機率。

如果提出了對策，還是重複犯同樣的失誤，表示解決方案有問題，需要考慮新的方式。記錄失誤的過程並採取對策，就可以成長。

58

製作資料前，先想「為誰而做」、「對誰有用」

製作資料是一種附帶工作，如果沒有先思考「這份資料是為了什麼而做？」「這份資料對誰有用？」的話，就是一大浪費。

豐田人T先生是做和生產計畫相關的工作。他們這個部門要以每部機器的月產能為基礎，計算「如果機器以這個速度運轉，產能會不足多少？」、「如果要補足這些產能，員工需要加班嗎？」、「要外包多少的量出去？」等。

現在這些問題都可以靠電腦簡單做到，但在當時全都得透過人工計算。打從一開始就否定T先生工作的人，就是大野耐一。所以就算T先生他們把做好的文件放在大野耐一面前，他連看都不看，還說：「有時間計算這個，還不如到現場去看看。為什麼你們會把過去的成績拿來計算未來的發展步調？」

為了不讓資料變成一堆無用的數字

如果透過改善，能提升機器的生產速度、提高工作人員的生產力，就可以減少加班、減少外包。但是，製作再多靠過去的數字計算而出的資料，既無法改正現場，也不能提升競爭力。T先生所製作的資料，不但對現場沒有任何幫助，還成了一堆廢紙和沒用的數字。

製作資料不容易，但是如果疏忽了為誰、為什麼而做，就只是張廢紙，這一點一定要留意。

59

主管看完報告後，要再去現場驗證

許多公司開會時，都是根據出席者所提供的資料來討論及下決斷，問題是，這些資料真的可靠嗎？

某公司開董事會時，有人提議「因為新產品銷售佳，所以最好不要再製造舊產品」，但能夠為這個提案掛保證的，只有出席者所提供的資料。當大家異口同聲贊成新產品確實賣得好時，這家公司的社長說：「等一下！」然後打電話給幾間商店，確認現場人員的看法。

雖然董事中有人表示：「這些銷售數據已經足以證明，大可不必這麼做。」但是社長仍堅持打電話給好幾間商店。最後終於弄清楚，新產品之所以賣得好，是因為有店家大力推薦，而大多數的店家表示舊產品賣得比較好。

用心傾聽現場的聲音

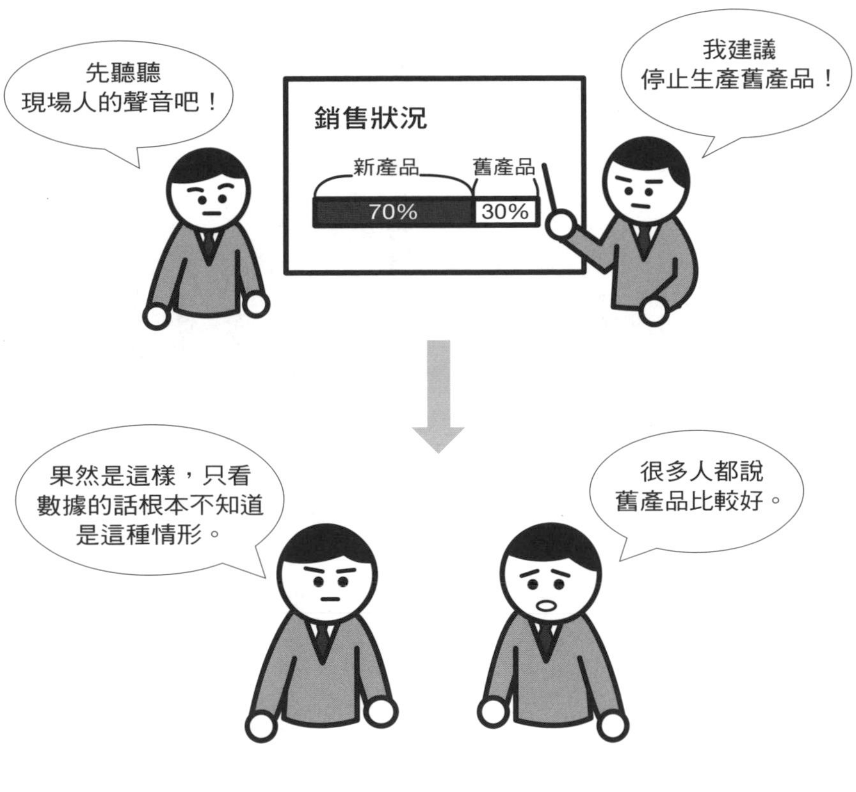
先聽聽
現場人的聲音吧！
銷售狀況
新產品
舊產品
70%
30%
我建議
停止生產舊產品！
果然是這樣，只看
數據的話根本不知道
是這種情形。
很多人都說
舊產品比較好。

因此，社長對董事們和製作資料的員工說：「不要只憑資料就下判斷，應該要進一步到現場去聽聽店員和顧客們的心聲。如果真的如資料所述當然最好。對於未能出現在資料中的聲音，我們同樣也要用心傾聽。」

發生問題時，豐田會立刻停下生產線是因為，員工會到現場找出真正原因。換言之，不是發生問題後先寫報告，再根據報告想方案，而是馬上到現場，這就是豐田處理問題的鐵則。

要想靠文件、數據，就能夠精準下判斷，必須平日就努力察看並了解現場。

豐田改善傳說⑤

失敗了？那就再試一次！

——豐田汽車前社長
奧田碩（1932～）

一九九五年擔任豐田汽車社長的奧田碩，鼓勵深陷大企業病（按：企業發展到一定規模後，管理機制和管理職能等方面，不知不覺滋生出阻滯企業繼續發展的問題，指企業逐步走向衰退）的員工挑戰新事物，並透過銷售豐田普銳斯（Toyota Prius）等大膽改革，加快豐田後來的成長速度。

據說，奧田碩就任社長之位時，曾用強硬的措辭激勵員工：「今後不要在原地踏步，什麼都不改變才是最糟糕的，我希望大家有這個共識。如果嘗試後失敗，就再試一次。我相信大家都可以果斷勇敢嘗試。當然，公司方面也會投入資源並大膽重新檢視權限問題。」

企業規模一大，很容易流於保守，極度害怕挑戰和失敗，於是就會逐漸變成過氣企業。若不希望如此，就要不斷做新嘗試，而豐田就必須是一個大家都能夠試中糾錯（try and error）的公司，這是奧田碩的想法。

「失敗不足懼。快點做就對了！不行動就沒有進步！」後來就成了豐田內的準則。

第6章

改善不能只用嘴巴講，組織得先「動」

60 學了卻不會用，等於沒用

相信大家都聽過ＰＤＣＡ循環。所謂ＰＤＣＡ循環，就是計畫（Plan）、執行（Do）、檢核（Check）、行動（Action）。

但是，現實中很常發生精心制定的計畫卻不能執行的情況，因此制定計畫時，一定要確認Ｐ是否能接續到ＤＣＡ。

受託重建某企業的Ｕ社長，恢復培訓費用，鼓勵員工參加各種講座、課程，只是有一個條件，就是參與培訓的人，要報告進修的內容。

員工結束培訓來報告時，Ｕ社長一定會說：「培訓中什麼讓你印象深刻？你打算把什麼和什麼運用在工作上？兩個月或三個月後，報告你的實際結果。」思考如何運用、如何結合工作，並報告結果，才是真正的學習。

學習和計畫要能夠執行才有生命

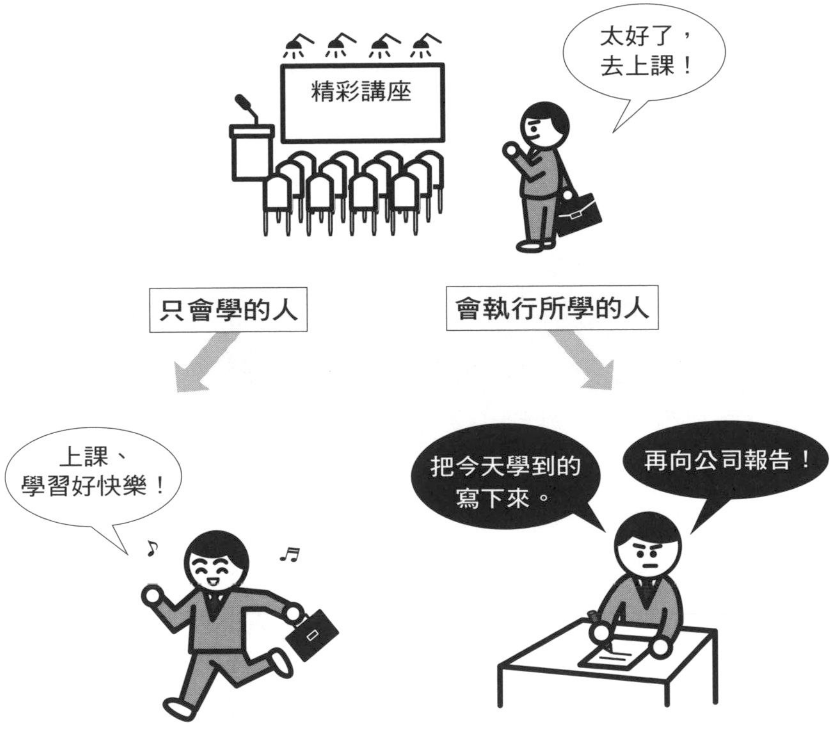

如果是將如何運用所學當作P，再實際做出執行、檢核、行動的「DCA」，這樣的學習才能成為實力，成為公司的資產，而U社長的公司因為具有執行力，所以逐漸蛻變成一家賺錢的公司。

除了要實踐工作外，還要堅持到做出成果。這麼一來，你自然就能夠成長，還可以有一番成就。

61

改革方案都差不多，關鍵是誰撐得久

要開始實行不容易，堅持做下去更難。

某公司在豐田前員工V先生的指導下，著手進行豐田生產方式。在這之前，這家公司的製造方式處處浪費，隨著改革而穩定下來後，順利做出一些成果。

某天，有位老員工帶來一本老舊的小冊子，小冊子的封面寫著「導入豐田生產方式」。原來這家公司在之前，就曾想導入豐田生產方式。看到這本小冊子，年長的廠長這麼說：「我年輕時，因為想導入豐田生產方式，所以做了各種努力。例如，辦讀書會或者進行實質的改善等。雖然有效果，但沒堅持下去，之後又看上了其他的方式，從此就再也沒有人提起這件事了。」

因未能持續而受挫的公司不只這一家。有公司因PDCA的計畫受挫；有公

有效的事就不要中途放棄

司執行後雖做出了成績，卻因自滿而放手。持續做到底，這就是豐田和其他公司最大的不同。

豐田於一九五〇年正式致力於豐田工作術，到現在已有七十餘年，在這七十幾年的歲月裡，雖然也曾引進其他各式手法，但在吸收這些方法的同時，豐田還是始終維持豐田工作術。

重要的是，認為不錯就堅持做到底，就是因為堅持，才有今日的豐田。

62

豐田主管不會問部屬「懂了嗎？」

豐田的「ＰＤＣＡ＋Ｆ」，最重要的其實是最後面的Ｆ（追蹤）。

某位擅長拍運動題材的外國導演曾說：「千萬別相信日本人口中的『我懂了』。」這句話一點也不假，「我懂了」和「我會了」之間有著天壤之別，能夠縮短兩者之間巨大差距的就是ＰＤＣＡ＋Ｆ中的Ｆ——追蹤。

在豐田裡，教育和訓練不一樣。教育是教新的知識和工作方式，訓練則是反覆練習教過的東西，讓身體熟悉、牢記。因此，豐田的主管教部屬作業模式時，絕對不會問「你懂了嗎？」因為絕大部分的部屬都會回答：「懂了。」主管要親自看著部屬的動作，確認部屬是否真的會了。

大野耐一說過：「不同的人要讓他們接受不同的訓練。如果把大家集合起來

能幹的主管擅於事後追蹤

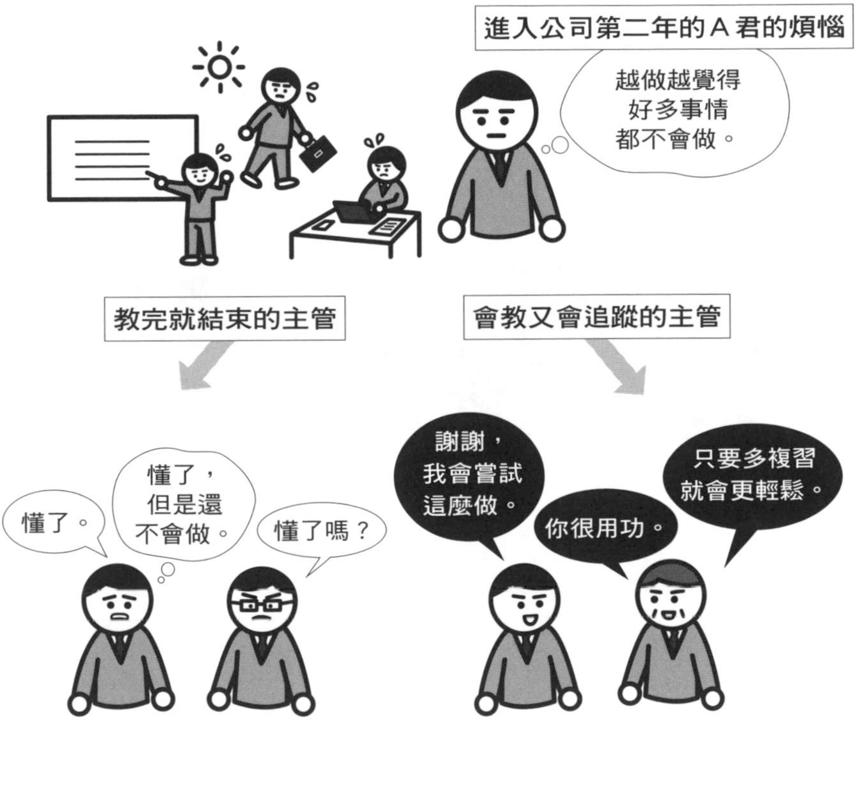

讀一個小時的書，事後不追蹤，也稱不上是真正的訓練。」

因此，豐田會讓進入公司第二年的員工集合在工廠，讓他們接受訓練。目的是透過專職的教練一對一的指導，讓員工身體熟悉更輕鬆、更正確的工作方式，這樣才能做到真正的技術傳承。

63 企業三年不變就會退步

據說，某企業打算導入豐田生產方式時，贊成的人最多只有兩成，強烈反對的有兩至三成，剩下的五至六成則是牆頭草。如果改革看似順利，這些牆頭草就會贊成，如果發生問題，就立刻反對。另外，反對改革的人最常嚷嚷的就是「恢復原樣」。

如果把習慣的工作模式和新的工作方法拿來比較的話，大多數的人都會選擇已經習慣的工作模式，因為新的工作方法會有各種問題，所以大家才會嚷嚷著要恢復原樣。但是，如果輕易恢復原樣的話，任何改革終將以失敗收場。

豐田認為：「如果改善讓情形變得更糟，不是要恢復原樣，而是進一步改善。」運用PDCA循環改善，未必能得到預期的結果，所以有的公司可能會失

如果改善讓情形更糟，
只要進一步改善就行了。

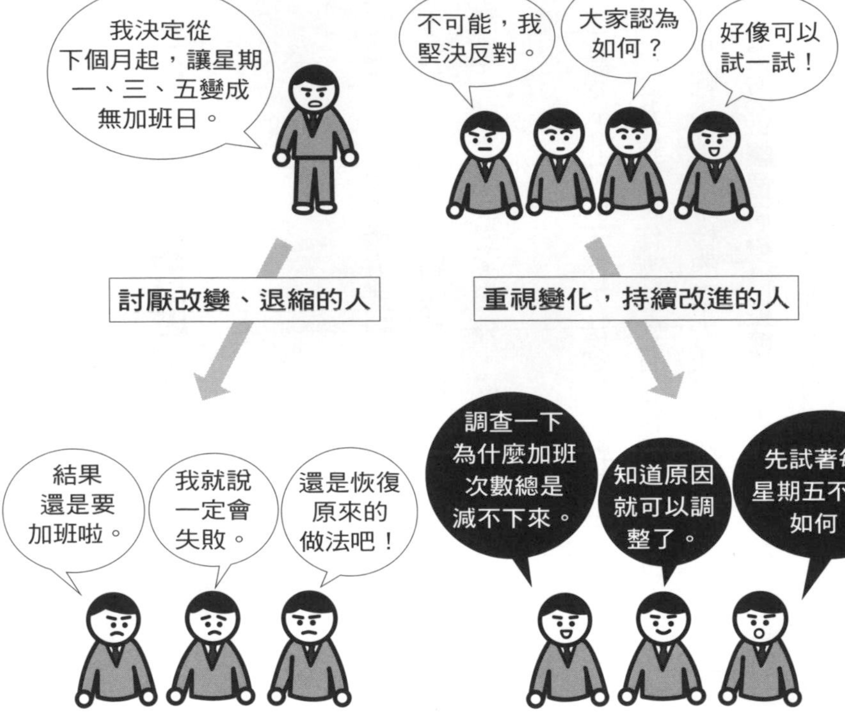
我決定從下個月起，讓星期一、三、五變成無加班日。
不可能，我堅決反對。
大家認為如何？
好像可以試一試！
討厭改變、退縮的人
重視變化，持續改進的人
結果還是要加班啦。
我就說一定會失敗。
還是恢復原來的做法吧！
調查一下為什麼加班次數總是減不下來。
知道原因就可以調整了。
先試著每個星期五不加班如何？

敗，有的公司可能只得到比預期還小的成效。這時，不要想「失敗了，還是恢復原樣吧！」而是要查明為什麼沒有做出預期成果，再做進一步的修正，並且要持續調整到預期成果出現為止。

「改變」比什麼都重要。企業三年不變就會退步，現今這個時代，公司天天有變化、同業其他公司也都不斷在成長，所以停滯就等同衰退，為了不讓公司衰退，一定要經常循環ＰＤＣＡ。

64

從小地方開始改，阻力比較小

如果對豐田生產方式有強烈抗拒時，可以先進行小改進和不花錢的調整，會比較有效果。但是，如果小改善已經沒有太大效果時該怎麼辦？這時，可以用「示範生產線」來運轉小的ＰＤＣＡ循環。

假設某公司有五條生產線，雖然有方法可以一口氣更改五條生產線，但員工會吃不消。這時，可以先把其中一條改為新的生產線，並讓這條生產線走一圈「執行——發生問題——改善」的小ＰＤＣＡ循環，藉此設計適合自家公司的生產線。

如此一來，員工可以親眼看到實際的運作方式，不但能判斷示範生產線是好是壞，還可以彼此分享看法。但是，如果一開始就用大型的ＰＤＣＡ循環，改善

從小地方開始改進，阻力比較小

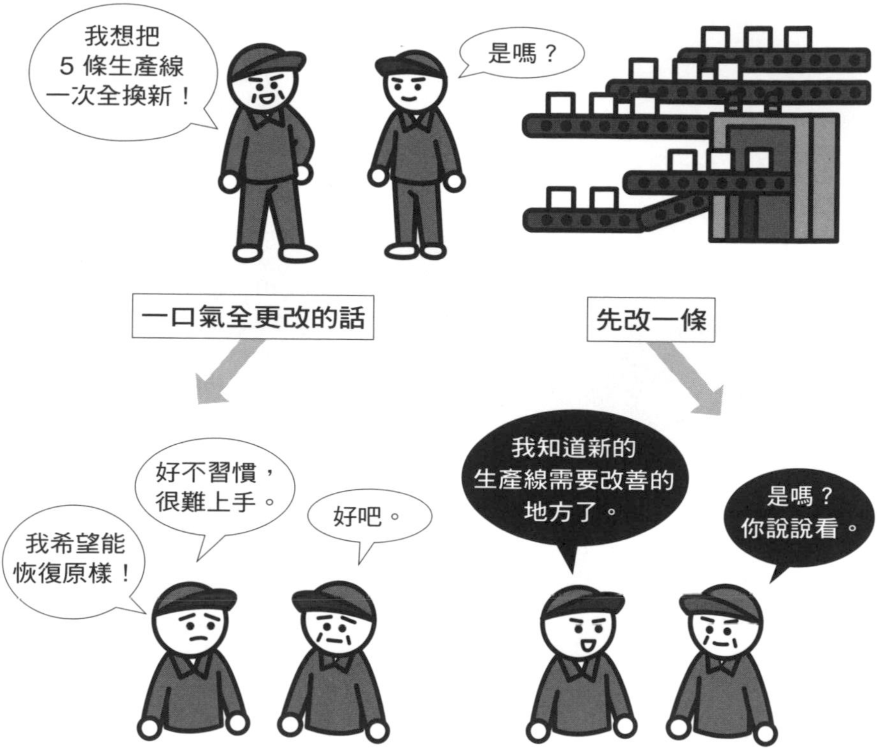

工程會十分浩大，而且不順利時，反彈力道也會很強，為了避免發生這種狀況，想進行大規模改善時，可先從小的PDCA循環開始。

新的嘗試總是會伴隨著排斥、反抗，因此，在擴大至全公司前，可以先用示範生產線，這樣在拓展時，應該就可以減緩大家的抗拒並凝聚大家的智慧。

65 組織越大越要重視橫向傳達

企業很容易變成一個縱向組織。所謂縱向組織，就是其他部門不知道某個部門發生過的失誤，等到發生重大問題時，才知道某部門以前好像有過類似情況。

在豐田裡，因為失誤要寫失敗報告書，所以除了同一部門之外，其他部門或是工廠也不會犯同樣錯誤。但是，除了失敗報告書之外，豐田還有另外一個成功事例，叫做「橫向傳達」，這也是一種擴大向其他部門傳達的機制。

有個年輕的豐田員工W先生，接到主管指示要改善生產線，但主管只說：「那裡有浪費，你去想辦法！」並沒有給具體指示。W先生到了現場，找出浪費的問題之後，絞盡腦汁著手改進。但是向主管一報告，主管馬上就問：「看到改善結果了嗎？」W先生匆匆跑回現場問清楚，再向主管報告。這次主管說：「有

如果順利改善，要馬上橫向傳達

隔壁部門不但
零加班，業績還
強強滾。
不會橫向傳達
會橫向傳達
真的嗎？
我馬上去了解。
你不知道嗎？
我們團隊
也已經在重新檢視
加班問題了！
橫向傳達
做得很不錯！

做橫向傳達了嗎？」意思是，有好結果出現時，要水平展開告訴有相同問題的部門，所以W先生改善完畢後，還要努力做好橫向傳達。

第一個提議要橫向傳達的人，就是豐田汽車前社長豐田英二。

據說，有一天豐田英二說：「組織越大橫向傳達就越糟糕。看到其他地區的豐田工廠正在做這件事，我很佩服他們。」於是就導入了橫向傳達。

PDCA循環得到好結果時，記得橫向傳達，這就是豐田的PDCA＋F。

66

你是執行計畫，還是照著計畫執行？

執行計畫，和照著計畫執行之間有很大的差距。

亞馬遜的創辦人貝佐斯個性一絲不苟，創業前制定了數十頁的縝密計畫，但是他卻這麼說：「我竟然像奴隸一樣遵循過去所制定的計畫，真是愚蠢至極！」不論計畫多詳盡，現實都不會如實發展。

有意想不到的問題發生，就有意想不到的市場出現。這時，不要照著計畫走，而是要迅速掌握機會。這就是貝佐斯的思考方式。

「對願景忠實，但不拘泥細節」，這是引導亞馬遜走向成功的一個關鍵。雖然不如亞馬遜，但是豐田也透過導入「微調整機能」，常常修正計畫和市場之間的差距。

計畫要周密，執行計畫要有彈性

是嗎，
辛苦了！
這一期的
生產計畫
我做好了。
生產計畫
照著計畫執行
將計畫微調後再執行
我都
照做了。
業績還是
沒有起色。
邊看銷售狀況
邊微調生產計畫。
業績UP UP！

豐田會這麼做，是因為既然無法完全解讀市場，狀況一變，工作模式當然就要跟著改變。培養現場能夠因應變化非常重要，但這並不表示，計畫就可以隨便做一做。計畫一樣要用心做，但要懂得視狀況彈性應變，這樣才能夠達成目標，有時甚至可以獲得超出目標的成果。

67 有些改善無法速成，經營者得有耐性！

某製造商老闆X先生，非常熱衷豐田生產方式。他不但非常用功，還在好幾個工廠成立改善團隊，而且要求所有團隊每個月都到總公司集合開一次報告大會。但是，X先生有一個大缺點，那就是他沒有耐性等到成果，就馬上改變目標或手段。

改革初期時，容易做出成果，但進展到某個階段後，浪費難尋，成效自然不會馬上看見，儘管如此，在報告大會上，只要稍微沒有成績，X先生就會馬上改變方針。

於是，就會發生這個月要進行作業改善，下個月要引進自動機器，再下個月要先抽去一些人力的情形。在不斷反覆發生這種事之後，現場人員就會開始想：

要有耐性和毅力

一旦決定做，就要持續到底。

「現在這麼說，下個月又那樣說，我們這麼賣力根本就像二百五，乾脆隨便做一做吧！」

培訓人才也一樣，培訓人才也不是馬上就可以看到成效，因此，一旦決定要做，就要堅信到底，直到有成效為止，這期中如有問題就修正，改善一定要有耐性和毅力。

68 沒有人想要改善，除非先體會到好處

離開豐田的Y先生，進入某製造公司之後，負責生產改革等業務，並到國外的工廠進行改革。

他每月都會到國外工廠一次，為現場工作人員和管理幹部們上幾天的課。在課堂上，從豐田的入門知識到各種改進的工作模式，他都會熱心的一一為大家講解，來上課的人都非常踴躍，而且全都聚精會神聆聽，也很踴躍提問，所以Y先生非常滿意，認為改革結果或許會比日本好。

但在反覆上過幾次課後，工廠完全不見有人改良。Y先生就問參加者：「為什麼不改進？」參加者回答說：「我們的工作是按照指示製造，改進不是我們該做的。」換言之，對絕大多數的參加者而言，改善都是別人的事，所以不論上多

改善是為了自己
所謂改善就是……。
改善
嗯嗯～
對對～
改善是別人的事
改善是自己的事
如果整理、整頓，自己的工作就會變輕鬆。
原來如此，是我們自己會變輕鬆。
改善不是我的工作。
說得沒錯。
改善
咦……。

少堂課，這些人都不會有所行動。

於是，Y先生決定把上課改成實地進修，讓他們在現場發現自己的問題，進而改良。次日，他們實際感受到自己的工作方式變輕鬆後，就願意改善了，之後，國外工廠的生產改革進展迅速。

豐田裡有個說法：「人人都要有問題。」意思是工作時，人人都要抱有問題，而且要自己解決。

69 不能只是做，而是要做到底

有人把PDCA循環，解讀成計畫（Plan）、延遲（Delay）、中止（Cancel）、道歉（Apology）。雖然這個解讀很諷刺，但是未能按計畫執行，甚至延遲、中途停擺，是很常有的事。

豐田前社長奥田碩在擔任社長時，曾針對「市占率四〇％」的目標，斬釘截鐵的說：「四〇％或許只是一個象徵性的數字，但是，經營企業必須有明確的目標，且一定要完成，如果只有藍圖就心滿意足，公司一定會越來越弱。」既然提出目標、制定了計畫、決心執行，就絕對要達成，這就是豐田式思維。

以前，京瓷的創辦人稻盛和夫，曾被一家大型企業的研究員吐嘈說：「你們說你們的開發研究成功率是一〇〇％。我不相信。」稻盛和夫說：「我們之所以

在成功之前絕不放棄

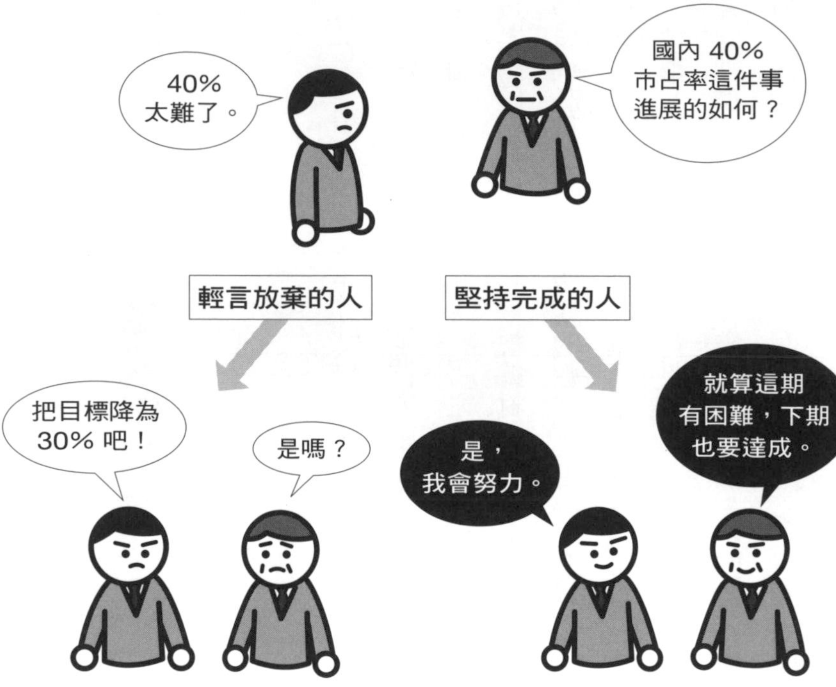
40%
太難了。
國內 40%
市占率這件事
進展的如何？
輕言放棄的人
堅持完成的人
把目標降為
30% 吧！
是嗎？
是，
我會努力。
就算這期
有困難，下期
也要達成。

能達到一〇〇％，是因為我們在成功之前絕不放棄。」

既然已啟動ＰＤＣＡ循環，就不要半途而廢，一定要做出結果，或親眼見證如何失敗。要獲得成果，需要一種貫徹始終的覺悟。

70

大家都沒有異議？那就製造一個出來

制定計畫時，有多少人會先設想好最糟的情況？

京瓷的創辦人稻盛和夫，在發布要設立第二電電（按：於二〇〇〇年與KDDI、日本行動通訊合併為現在的au公司，提供電信服務）的消息時，幾乎沒有人相信他會成功，而他也言明撤退條件：「請讓我使用公司資金中的一千億日圓。如果用這些錢做不到，我就放棄。」因為他有明確的界線，又有全力衝刺的熱情，所以周遭的人姑且表示支持。

豐田有這種說法：「我們認為沒有異議就是疏忽異議，沒有異議就要製造異議，並了解異議之後再去行動。」在日本，開會時如果提出異議，會被認為是唱反調。但是，有不同的意見才能夠制定更完善的計畫。

先設想好最糟糕的狀況再制定計畫

如果銷量下降
怎麼辦？
因為銷售狀況
不錯，所以
增加產量吧！
不設想不順利的狀況
有設想不順利的狀況
好的，
我知道了。
不安。
沒問題，
你不要擔心。
是！
先想好
銷量下降時
該怎麼做。

工作上一定會出現各種障礙，有時甚至還會以失敗收場。因此，制定計畫時，一定要先設想好最糟糕的狀況。先有失敗的心理準備，就可以大膽挑戰。有時把最糟糕的情況都想好，計畫反而能夠順利進行。

71 只要能說服反對者，你的計畫就會成功

一九七一年，當時是業界第八強的超市伊藤洋華堂，打算引進美國連鎖企業的 Know-how。其中一家候選者就是 7-Eleven，負責交涉的是當時才三十八歲的企業家鈴木敏文。

鈴木敏文和 7-Eleven 的總部公司 Southland 交涉之後，確信 7-Eleven 的 Know-how 在日本一定可以成功。但是，伊藤洋華堂內反對聲浪四起，擔心「如果不順利的話該怎麼辦？」連其他專家也直言時機尚早。

伊藤洋華堂的創辦人伊藤雅俊，對一臉困惑的鈴木敏文說：「先不論成功與否，去聽聽別人的意見！」如果是一般人，一定會說：「反對聲浪這麼多，放棄吧！」但是伊藤雅俊不一樣，他要鈴木敏文等人先去傾聽反對者的聲音，再思考

封鎖反對意見，絕對不會成功

是不是真的要行動。

要說服反對者，需要強而有力的依據，而且，既然要開始做，就一定要有絕對要成功的熱情。總而言之，伊藤雅俊之所以會這麼做，是想確定鈴木敏文是否有足夠的資源、邏輯、信念之後再批准他實行。

結果非常成功。這個案子之所以能開花結果，是因為傾聽了反對意見之後，並修正計畫，而且堅持做到成功。制定計畫時，除了贊同者的看法，也要聽反對者的意見，能夠針對反對意見、不安的聲音全都提出反證的計畫，才能讓工作更為順利。

豐田改善傳說⑥

所謂成功，都是失敗累積出來的

——豐田汽車前社長
張富士夫（1937～）

張富士夫於一九九九年擔任豐田社長。他年輕時，在大野耐一的麾下，長期在豐田汽車、豐田集團、合作公司中，負責推廣並穩定豐田所創造出來的豐田工作術。從這些經驗中，他學到了「有點子就先做做看」、「累積失敗才有現在」等思考模式。他說：「最重要的是執行。不能只用口說，一定要實踐，而且要親眼看到成果。執行和檢核，就是豐田提案制度的一大特色。」

執行一定有不順利的時候，但不必放在心上。張富士夫說：「有點子時，先製造看看。不需要一開始就要求完美，經過不斷改良，成品就會越來越好。像這樣累積小的改善並從失敗中學習，就能夠一步一步落實新的創意，甚至集大成成為偉大的發明。」重要的是「失敗多少次」，累積失敗才有現在，僅憑成功的例子，是無法決定未來走向，這就是豐田的思考模式。

第 7 章

豐田人的凝：不光一人煩，而是百人一起惱

72 領導者不能只依賴王牌員工

率領一個部門或團隊時，有人會把大部分的工作都交給跟得上的人，而不太依賴其他部屬。團隊中確實有的人很會做事，有的人則不太會做事，但是，任由團隊成員的能力參差不齊，就無法組織一支真正強大的團隊。

在製造業界裡，產品也會良莠不齊，而透過不斷改善，讓產品的良品比率接近一〇〇％，就是豐田工作術的關鍵。

順便一提，服務業有一句話，叫做「關鍵瞬間」。據說，顧客在接觸到公司服務人員的瞬間，就已經決定了對產品和服務的評價。不管這家公司的規模有多大、品牌多麼響亮，如果關鍵瞬間的服務不佳，這家公司給顧客的印象，就會急轉直下，變得非常糟糕。

不能只依靠能力強的員工

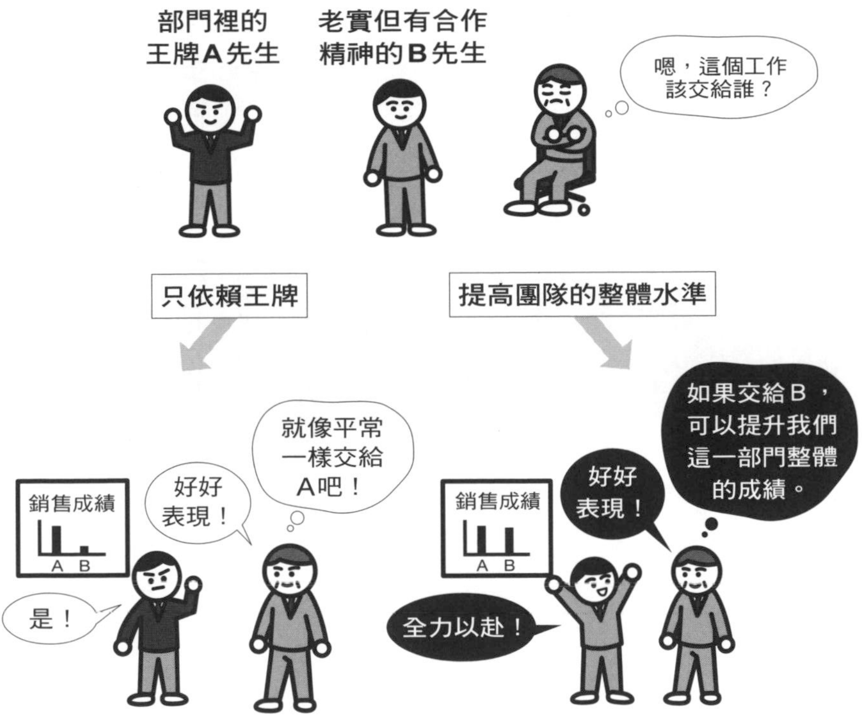

豐田成立凌志汽車國內營業部時的目標，就是為顧客提供超一流服務。但是，要怎樣做才能讓在全國各地銷售店工作的員工，澈底做到超一流服務？他們訂定了目標：不要讓任何一位顧客給零分評價。例如，十個人中有九個人給一百分，但只要有一位給零分的話，就家店給人的整體印象就是零分。

因此，率領團隊時，不要讓團隊成員的能力參差不齊。

73

有問題不要一個人想，拿出來和團隊討論

升官當經理，任誰都非常喜悅。但是，某企業的Z先生在剛升任經理的那段時間，總是一個人抱著問題不放，非常辛苦。他在晉升之前，工作表現上獲得極高評價，所以他帶著滿滿的自信登上經理之位，這一點卻為他帶來一場災難。

因為他總是用力過猛，認為自己做得到、自己可以對公司負責。漸漸的，他和周遭人的意見產生了分歧，自己的努力只能空轉。與昔日好成績和自信背道而馳的失望感越來越重，甚至連身體都出了狀況。

這時，有一位前輩開導他：「肩上的重擔要和大家一起扛，這樣才能夠把工作的內容和格局做大。」只要謙虛的看看四周，就會發現擁有各種能力的主管、前輩、同事、部屬就在自己的身邊。但如果用力過度，凡事都自己來，就會看不

把肩上的重擔分給大家，便能完成工作

到四周的人，更不會求助於人。之後，Z先生就明白要和身邊的人一起思考問題，只要把問題拋出來和大家分享，周遭的人就會給不少的意見。

以前，豐田內的某一位課長，對大野耐一所給的指示，當場就回答：「做不到。」這時，大野耐一說：「你不相信這麼多部屬的智慧和能力，只說這一句『做不到』是什麼意思！」相信部屬，並把工作託付給部屬，是領導者率領團隊時最重要的能力之一。

74

真正的團隊合作源於和睦的爭吵

團隊合作有時會被誤解為「友好俱樂部」，那團隊合作和友好俱樂部之間有什麼區別？

關於真正的團隊合作，豐田前社長豐田英二這麼解釋：「大家暢所欲言說出自己的意見。只要認為不錯就不要猶豫全都提出來。縱使會爭吵也沒關係。但是，一旦決定了一致認為最好的方法之後，就要同心協力攜手向前邁進。」

以前，豐田要在日本建構凌志汽車的銷售網時，有一位負責建構的成員很生氣的說：「都開了一、兩場的會議了，每次都議而不決，大家都只說自己想說的話、只知道爭辯而已。」但經過爭辯再爭辯，團隊突破了問題盲點，集結了大家的意見，才終於有了最後的結果。在最後一次會議上，團隊領導者告訴大家：

團隊合作和和睦相處不一樣

「我們爭辯了那麼久、討論了那麼多，不就是想做出成果並流傳於世嗎？」

豐田式爭辯，又叫做「和睦的爭吵」。大家先自由交換意見，經過激烈的爭辯達成共識之後，就會團結一致向前邁進。討厭爭辯的成員、不說真心話的團隊，是無法成為一支真正強大的團隊，經過和睦的爭吵所整合的團隊，才能夠發揮真正的力量。

75 不要一人煩，要百人一起惱

這個世界上，有像蘋果創辦人賈伯斯這種靠個人壓倒性的能力，就能夠引領創新、讓企業快速成長的超級巨星。但是豐田認為，累積工廠現場每一位工作者的智慧，比靠一位經營者拖著整個企業跑，更能提升競爭力。

卡羅拉汽車首席工程師甲先生的口頭禪是：「與其我一個人煩惱，我更希望一百個人一起煩惱。」

首席工程師是研發負責人，自然擁有相當多的經驗、知識和權限，但是，甲先生不想靠權限拉攏人，反而希望透過大家的智慧和能力進行研發。他說：「製造產品最重要的是信任和共識。因此，我會反覆做同樣的事，說幾百次同樣的話。我會在和團隊成員對話當中，適時修正概念並深化概念。」

與其一人走百步，不如百人各走一步

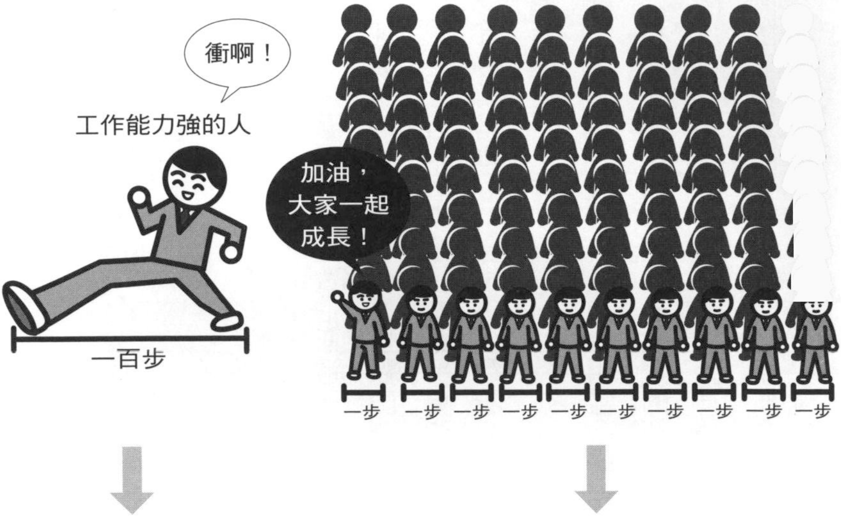

只有工作能力強的人才做得到。

同心協力就能展現百人智慧。

和「不是一人煩惱，而是百人一起煩惱」一樣，豐田長年來所傳承的原則就是「與其一人走百步，不如百人各走一步」。大家全都各前進一步之後，如果能夠再成長一・一、一・二步的話，就能變成一百一十步、一百二十步，普通的人就可以超越超級巨星了。

不要只依賴一個人，大家都有所成長就可以變強大。這就是豐田的思維。

76 實牆會造成心牆，員工彼此不要坐太遠

最近採用自由座位（Free address）的公司似乎越來越多。所謂自由座位，是指員工辦公的座位，可以視當天的工作和心情來選擇想坐的位置。

但是，絕大多數的公司還是會以部門為單位，來決定員工的座位，而利用牆壁或樓層來做區隔的公司也不在少數。

要留意的是，這種實體牆往往會變成心牆，讓人和人之間產生距離。生產現場也會有這種情形，如果工作位置相距太遠，就會各自孤立，很難互相幫忙。

某工廠的生產線不但長還非常複雜，工作人員得先把東西從一樓拿到二樓，再從二樓拿下來放到一樓，銜接一樓和二樓的只有工廠兩端的樓梯。公司把幾臺機器分別放置在工廠裡的不同區塊，員工就只能守著各自的機器工作。

實體的牆會為人築起心牆

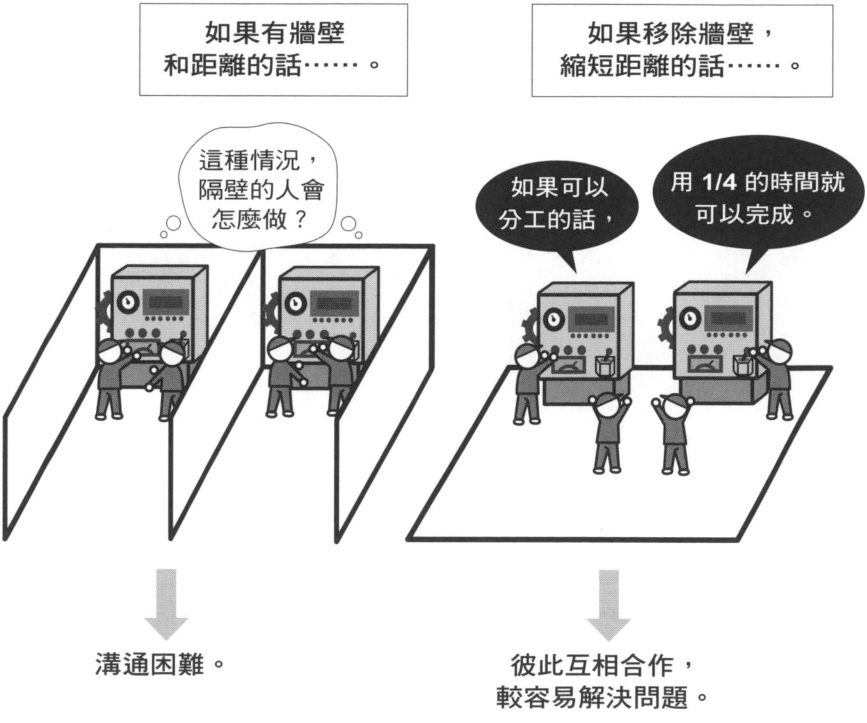
如果有牆壁
和距離的話⋯⋯。
這種情況，
隔壁的人會
怎麼做？
溝通困難。
如果移除牆壁，
縮短距離的話⋯⋯。
如果可以
分工的話，
用 1/4 的時間就
可以完成。
彼此互相合作，
較容易解決問題。

員工在這種環境中工作，實在很難溝通討論，一旦發生狀況，大家也無法一起解決問題。因此，受託為這家公司進行豐田生產方式的前豐田員工乙先生，第一步就是把二樓的生產線放到一樓，讓工作同仁都盡可能靠近一點。之後，員工之間的溝通變密集了，而且一有狀況就會互相幫忙、互相出意見來解決問題。

組織內很容易出現隔閡，一旦有了隔閡，人與人之間的溝通、交流就會減少。如此一來，訊息就會被切斷，工作速度就會慢下來，而且員工也很難提出自己的意見，貢獻自己的想法。

豐田和本田要開發車子時，都會讓各部門的人齊聚一堂，在大房間裡彼此交換意見，這麼做就是為了防止組織出現隔閡。

77 聽部屬說話時，放下手邊的工作

團隊要有活力，最重要的就是所有團隊成員都願意自由交換意見。能否創造這種氛圍，關鍵就在於領導者的態度。

谷歌（Google）會定期舉行TGIF（全體員工會議）。谷歌在併購摩托羅拉（Motorola）時，谷歌幾位員工對以賴利・佩吉CEO（Larry Page）為首的經營團隊提出嚴格質詢。目睹這種情況的摩托羅拉員工竊竊私語說：「他們會被炒魷魚吧！」聽到這句話的谷歌員工，只簡單回答了兩個字：「不會。」

對經營團隊的領導者來說，最不愉快的事情，就是自己的決定遭到質疑。這些人敢這麼做，就算不被開除，也應該會挨直屬主管一頓責罵。但是，不論谷歌員工提出什麼樣的問題，經營團隊都會用最謹慎態度回答，這就是谷歌的風氣。

領導者必須有一雙懂得聽的耳朵

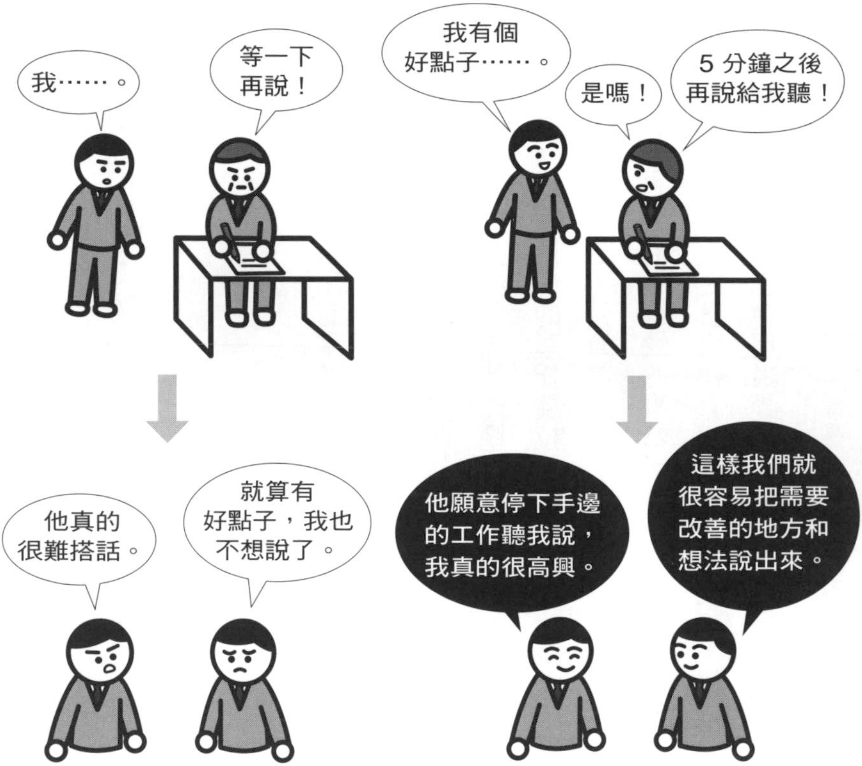

在豐田，前輩都會這樣告訴剛升任管理職的員工：「聽部屬說話時，要先放下手邊的工作。如果沒時間，就當場告知部屬何時可以聽。」領導者在開會或工作時，用什麼態度聽部屬說話，周遭人全都看在眼裡，而部屬也會視領導者的聽話態度，決定自己是要說出自己的想法，還是只默默聽從指示。

78

人際關係，要有縱的、橫的、斜的

以豐田工作術為基礎，進行生產改革的某公司董事丙先生，打算進行某項改革時，會習慣在晚上的換班時間，以一身牛仔衣褲的打扮造訪工廠。

他會透過「我現在正在考慮這件事……。」、「我想要這麼做，你認為如何？」來確認是否該執行某個動作或應該修正哪一點等。

建立縱的、橫的、斜的人際關係，是豐田的思考模式之一。

豐田公司內部有許多團體，不僅有工作單位團體，還有職務類別團體、畢業學校團體、縣市團體、業餘興趣團體等，而且每一個團體都歷史悠久。一九五〇年，豐田渡過倒閉危機之後，各種團體如雨後春筍般冒出來，對豐田而言，這些團體出奇有用。

向別人求助，突破界線

想不出什麼
好主意！
走頭無路！
大家都
很困擾。
去找其他部門
找工廠
我們部門是
這樣做。
的確是
好方法。
在現場可以
這麼做。
原來如此，
謝謝。

例如，發現的問題和幾個部門、工程單位等有關時，只要幾個部門或其他工程單位有認識的人，就可以向對方諮詢並求助，抑或是，如果不方便和同部門的前輩或主管商量，也可以找其他部門的前輩商量。也就是說，要進行改革時，除了同部門主管之外，也可以透過縱的、橫的、斜的人際關係，私底下做詢問。

工作是透過人和人之間的關係採取行動的，所以在公司內外，平日都要建立良好的人際關係。

79

有了一軍，還要栽培二軍、三軍

對率領團隊的人而言，團隊人選非常重要，如果可以，當然會希望全都是能幹的人、好用的人，但現實並非如此。

現代管理學之父彼得．杜拉克說過：「僱傭關係有個前提，就是成員不能替換。」例如，樂團指揮被委託重組管絃樂團，可以做的充其量就只是讓極端糟糕的人離去，或更換一小部分的人讓管絃樂團更好，這是樂團指揮的職責。因此，指揮必須和樂團成員緊密溝通、提高成員的能力，以提升管絃樂團整體的水準。

所謂優秀的領導者，是指在有條件的前提下，可以盡己所能做到最好的人。而豐田則會更進一步認為：「拔除人時，要先拔除最能幹的人。」一個團隊要踢人時，通常都會從能力差或不好相處的人下手，但豐田認為應該要先讓最會做事

拔除一軍，栽培二軍和三軍！

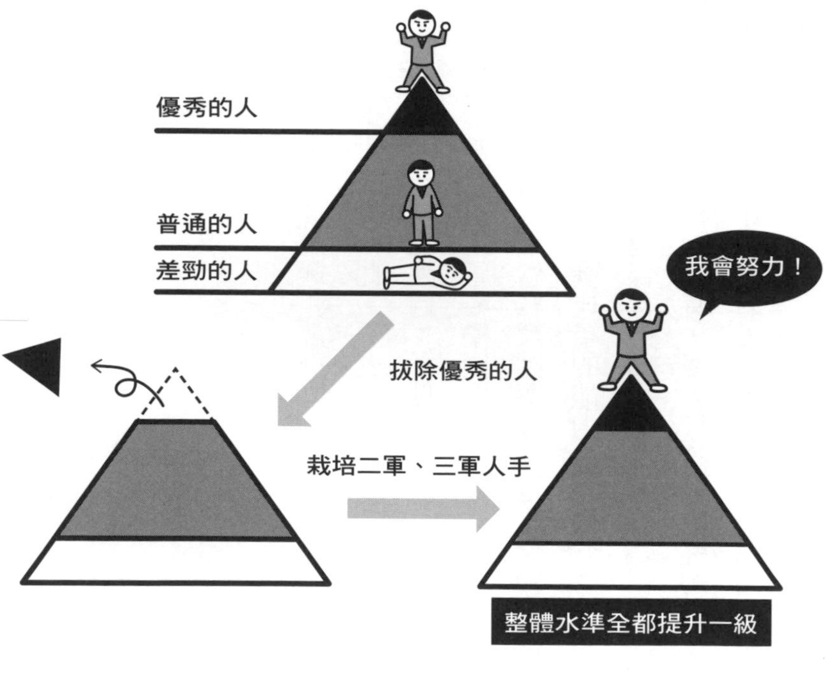

的人離開。而為了填補空缺，剩下的人就會加倍努力，公司就可以藉此栽培二軍、三軍的人手。

人的腦力是無限的，人才是可以培育的。領導者只要相信這一點，就可以在有條件的前提下，盡己所能做到最好。

80

王牌員工，也會有不擅長的事

「人人都有智慧」，是建立豐田工作術的基本思想。有想法的不是只有主管、領導者、工作人員，大家都有智慧，所以讓大家發揮、靈活運用智慧，是領導者的職責。

那麼，領導者該怎麼做，才能盡到這個職責？可以用積少成多策略，或是三個臭皮匠，勝過一個諸葛亮策略。前者指的是收集每個人的小點子，在現場就可以成為有用的點子；後者則是假設有三個人，只要收集這三個人各自能辦到的事情，就能創造出可用的想法。

改善提案有三個步驟：發現問題、思考對策、具體執行。如果一個人可以完成這三個步驟當然最好，但有人擅長發現問題，有人擅長思考方案，也有人比較

靈活運用大家的智慧

會執行，所以不需要一個人包辦全部，只要彼此交換意見共擬改善提案，再實行就可以了。

心理學家阿爾弗雷德．阿德勒（Alfred Adler）說：「在孤立的狀態下能力差的人，也能在組織型社會裡填補自己的不足。」

人人都有擅長和不擅長的事物，所以人人都需要夥伴、朋友、同事，而且，彼此互補時，也能為彼此帶來成長和成功，團隊就是透過互助、互補，獲得成果的地方。

81

工作無法只靠權限和權力推動！

這是某豐田合作公司，開始著手以豐田生產方式時的一個小插曲。那時，被任命擔任改革領導者的是生產管理部的丁課長。

丁課長曾經接受過大野耐一的指導好幾個月，所以是這家公司最了解豐田工作術的專家。但是，他擔心要改革時，會得不到其他部門的協助，因此，丁課長就向高層反應，希望公司能夠授權，讓他指導反對的部門。但是，當他提出這個要求時，高層建議他先去找大野耐一談談。

於是，丁課長即刻動身拜訪大野耐一並說明整件事情。大野耐一花了兩天的時間，帶他參觀了幾個工廠，最後，大野耐一問他：「有何感想？」他反問大野耐一：「有兩、三個地方不符合豐田的基本原則。您怎麼沒有注意到？」大野耐

製造產品就是製造人

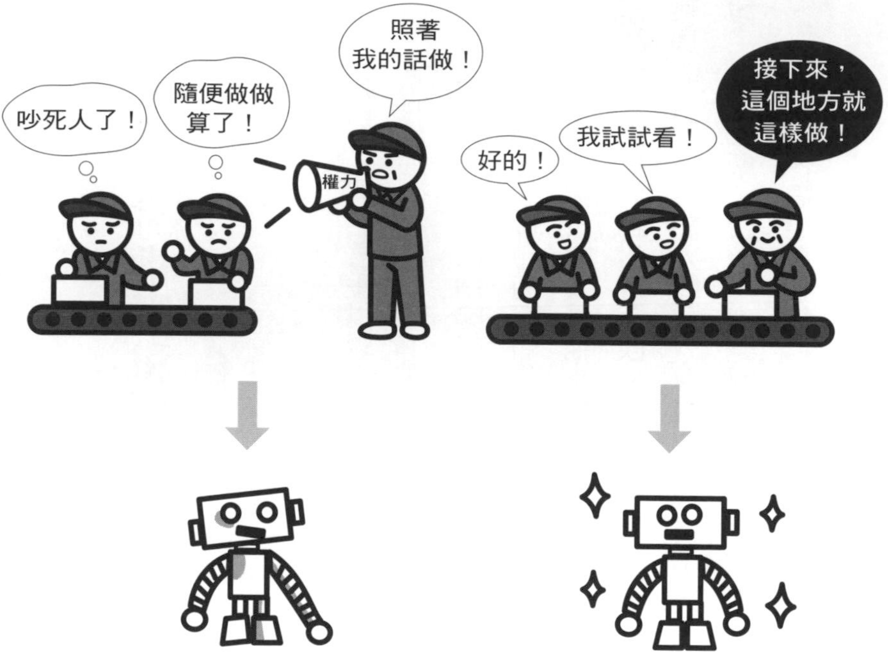

回答：「我是在包容。工作不能靠權限或權力推動，也不是你的職權越大，員工就可以做得越好。你一定要了解現場的人和說服現場的人。製造產品就是製造人，一切就看人如何指導。」

聽了這一席話的丁先生，之後就很有耐性的和現場的人、其他部門的人溝通，並一一完成了改革。雖然這麼做會多花一點時間，但是因為改革中有大家的智慧結晶，所以成績斐然。

你不能靠權力指使員工，最重要的是耐心說服，如此才能獲得大家的理解和認同。

82

主管了解部屬要三年，部屬看穿主管只要三天

要當豐田的經理，必須具備幾個特質，其中兩個是活用人才的能力及有聲望。擁有能夠活用部屬、率領部屬的人，是擔任豐田經理的不二人選。

關於領導者，蘋果的創辦人賈伯斯這麼說：「大多數的企業都擁有優秀人才，但最終還是需要一位能夠團結他們的統率。」賈伯斯創業成功後，即造訪他所憧憬的全錄公司（Xerox）的帕羅奧多研究中心（Palo Alto Research Center）。在這裡，他看到許多掀起電腦業界革命的技術，但是全錄公司無法將這些精湛的技術產品化，縱使有優秀的人、足夠的資金，若高層沒有眼光的話，一切都是白搭。據說，就是因為這時的經驗，賈伯斯才了解統率的重要。

有位企業老闆曾說過：「主管了解部屬要三年，但部屬三天就可以看穿主

不要小看部屬的雙眼！

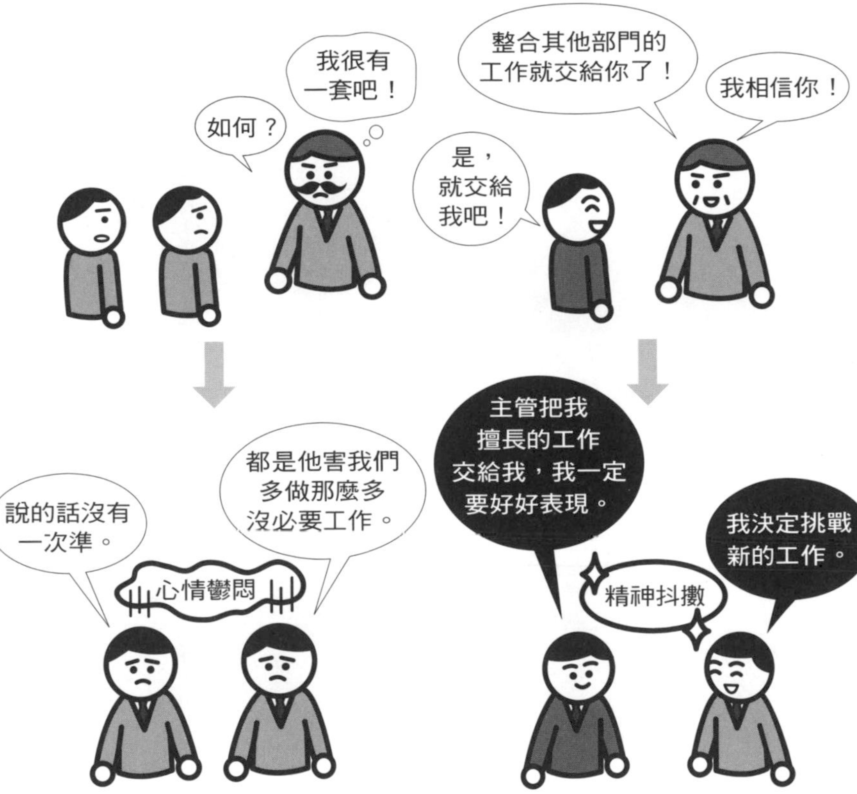
如何？
我很有一套吧！
整合其他部門的工作就交給你了！
我相信你！
是，就交給我吧！
說的話沒有一次準。
都是他害我們多做那麼多沒必要工作。
心情鬱悶
主管把我擅長的工作交給我，我一定要好好表現。
我決定挑戰新的工作。
精神抖擻

管。」當團隊運作不順時，一般都會先怪罪部屬無能或團隊不團結。其實，該檢視的應該是領導者的資質和熱情。

部屬三天就可以看穿主管，率領團隊的領導者都必須有這種心理準備。

豐田改善傳說⑦

「想成為什麼」的人很多，「想做什麼」的人卻很少。

——豐田汽車現任社長
豐田章男（1956～）

豐田喜一郎的孫子豐田章男，是在二〇〇九年擔任豐田社長，當時接連爆發了雷曼兄弟金融風暴、豐田問題車事件（按：二〇〇九年八月，因為油門踏板出現缺陷，豐田緊急召回部分凱美麗〔Toyota Camry〕、雅力士〔Toyota Yaris〕、威馳〔Toyota Vios〕及卡羅拉轎車，是豐田史上最大的信譽危機）。大少爺要接班當社長，一般都會選在風平浪靜、企業經營最順利的時候。但豐田不一樣，它讓豐田章男在各種危機中上任。

「今後，豐田到底會如何？」雖然大家都對豐田章男的經營能力感到不安，但是，他不但堅決進行了一次又一次的改革，還親自參加美國議會的公聽會，漂亮的平息了在美國狂風大作的豐田問題車事件，展現卓越的經營長才。

現在，不僅是豐田，整個汽車業界都在迎接自動駕駛、電動化汽車等的大變革期。在這個節骨眼，只要稍微處理不當，即便是豐田，也會成為過氣企業。企業要永續生存，需要的不是想成為課長、經理的人，而是想做些什麼來改變世界的人，而且，執行速度要夠快，才能贏得成果。在急劇變化的時期，企業只需要能夠快速思考想做什麼並付諸行動的人。

第8章

成長與改變，不會馬上發生

83

改善要在公司業績最好的時候進行！

著手改善時期，大致分兩種情況。一個是公司已陷入危機時；另一個是經營狀況順利時。

無論從哪個時期開始著手，都需要改良。但如果陷入危機之後才改善，能夠做的事情就會受限。

這是大野耐一的口頭禪：「改進要在景氣好、賺錢的時候做。貧窮了之後才做，除了裁員之外別無他法。」

建材製造商A公司，就是在公司營運狀況最好的時候，著手進豐田生產方式。A公司的董事長（負責人）認為再繼續沿用舊有的製造方式，公司遲早會被時代淘汰，所以就大膽著手改革。當然，公司內部強烈反對，大家都異口同聲：

改良要在經營狀況最好的時候！

有了危機才改善
業績越來越糟糕。
沒辦法，開始改善吧！
是想改善，但不知從何著手。
應該早點改進的。
在狀況好時改善
狀況這麼好，需要改善嗎？
趁著現在業績好，著手改善吧！
我明白了。
現在才能夠大膽進行調整！

「同業的其他公司什麼都沒做。我們公司這麼賺錢，為什麼非要執行這種莫名其妙的改革。」但這位董事長認為正是因為公司賺錢，才有能力挑戰，於是就領頭進行改革。結果，該公司改進後，製造力遠遠超過同業其他公司，即便在景氣低迷的時候，也能夠讓業績順利成長。

順境時，人多半都會認為保持現狀就好。事實上，逆境的種子就是在順境中發芽的。景氣好的時候，順利的時候，絕對不要疏於為接下來做準備，這就是繼續勝出、繼續成長的祕訣。

84 不要重複成功，也不要重複失敗

只要有成功模式出現，我們就會想沿襲，但如果想繼續贏、繼續成長，就必須有勇氣找尋其他模式。

平井伯昌是奧運蛙式金牌選手北島康介的教練。北島康介在二〇〇四雅典奧運摘下兩百公尺蛙式的金牌，以及刷新世界紀錄之後，平井伯昌沒有讓北島康介沿襲同樣的成功模式，而是讓他進行新的挑戰。北島康介因此才能在二〇〇八年的北京奧運，再度蟬連一百公尺蛙式和兩百公尺蛙式這兩個項目的金牌。

重蹈覆轍雖然愚蠢至極，但不要重複同樣的成功也很重要。企業家也一樣，成功之後，怎樣才不會掉入承襲前例的陷阱，就是成長的關鍵。關於管理者應有的理想思考模式，大野耐一解釋：「如果今年跟去年一樣順利，就表示沒有進

不依賴成功模式，要繼續挑戰！

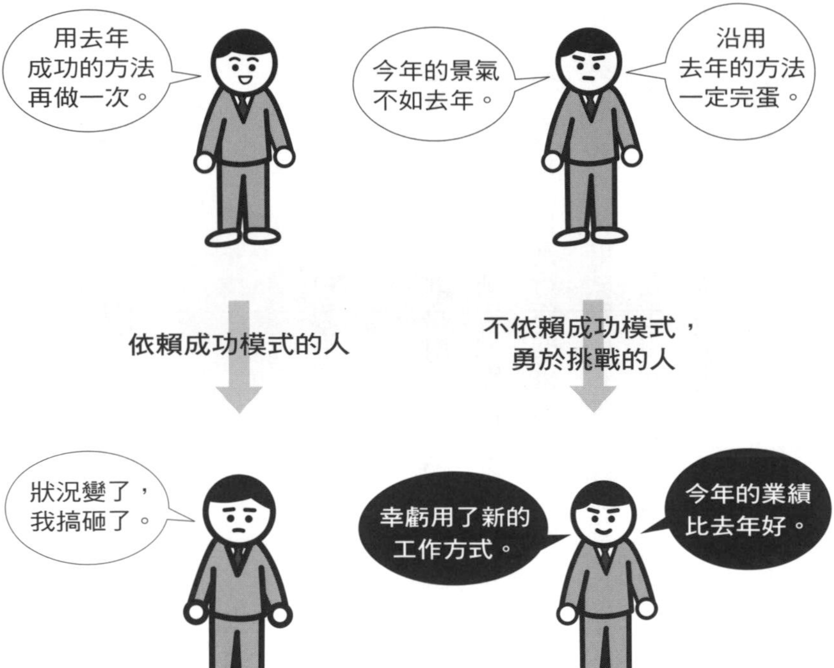
用去年
成功的方法
再做一次。
今年的景氣
不如去年。
沿用
去年的方法
一定完蛋。
依賴成功模式的人
不依賴成功模式，
勇於挑戰的人
狀況變了，
我搞砸了。
幸虧用了新的
工作方式。
今年的業績
比去年好。

步。但是，如果前一任管理者用五十個人做到，自己用四十個人就做到了，或是去年需要五十個人，今年只要四十五個人，那就是有進步。管理者一定要這樣衡量工作。」

改變成功的模式需要勇氣。失敗的話，或許會懊悔，但繼續重複同樣的成功方法，一定會更後悔。成功時，要更進一步求變、繼續挑戰，才能夠繼續贏、繼續成長。

85 擺脫好景氣，也要擺脫壞景氣

要擺脫不景氣，是我們很常說的一句話，而豐田經常掛在嘴上的卻是「要擺脫景氣」。

一九五〇年，因為連續兩年景氣不佳，豐田的汽車賣不出去，資金周轉快速惡化。為了得到銀行的支援，豐田喜一郎除了辭去社長一職以示負責之外，還裁員近兩千人，才讓豐田躲過了倒閉危機。

隔幾天，韓戰爆發，以豐田為首的日本企業，拿到了美軍大量訂單，一掃陰霾，迎接繁榮景氣。為了因應這個新需求，同業的其他公司都大量僱用人手，以增加產量，但豐田還是決定用少人數增加產量。

當時的社長石田退三的想法是：「這些訂單只是暫時的。只要現有的人力竭

不被景氣左右！

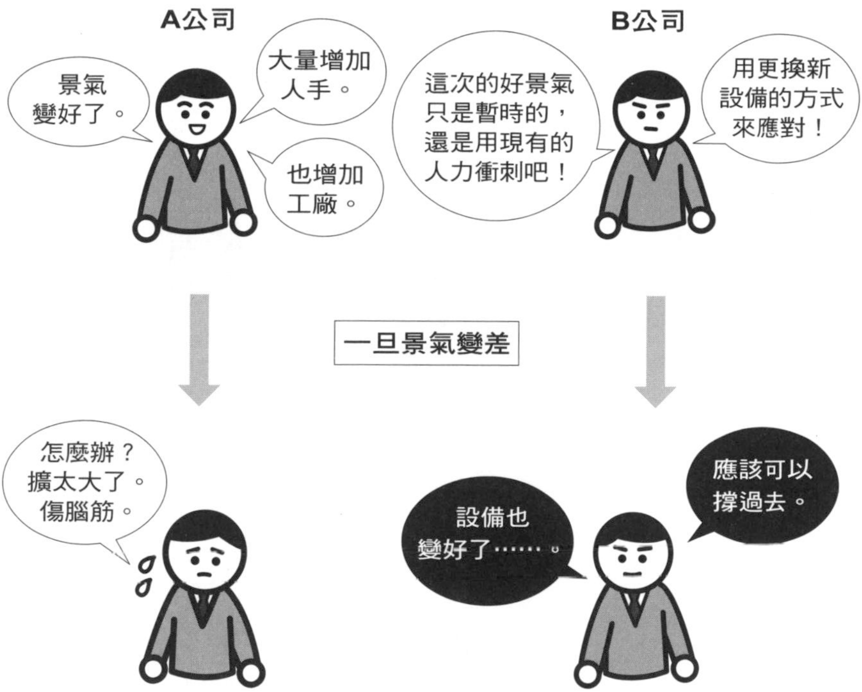
A公司
景氣
變好了。
大量增加
人手。
也增加
工廠。
B公司
這次的好景氣
只是暫時的，
還是用現有的
人力衝刺吧！
用更換新
設備的方式
來應對！
一旦景氣變差
怎麼辦？
擴太大了。
傷腦筋。
設備也
變好了……。
應該可以
撐過去。

盡所能貢獻自己的智慧，並購入好的設備來增加產量的話，就算需求結束，也不需要煩惱後續員工過多等問題。」

企業在景氣好時，常會未經思慮就大肆增加人手、擴大事業規模，一旦景氣不佳，就會被許多負債所折磨。為了避免發生這種狀況，石田退三之後的經營團隊最重視的，就是要擺脫榮景的思考模式。

景氣好時，要打起精神，思考各種對策、措施。雖說景氣好時要趁勢前進，但只有能夠隨時都保持冷靜的人，才不會被景氣左右，繼續成長。

86

選世界最強對手當目標，而非觸手可及的對手

不是只有企業，個人想要持續成長，就一定要有目標。有了目標，人才會知道自己和目標的差距有多大，也才會為了達成目的而努力成長。

當豐田還是小型汽車製造商的時候，就以營業額比自己高出數十倍，全世界最大的汽車製造商ＧＭ（General Motors，通用汽車）為目標。當然，把ＧＭ當作目標的話，不管是營業額或是銷售臺數都相距甚大，因此，豐田是要和ＧＭ比較成本。

製造汽車需要數千個零組件，豐田把零組件的成本拿來和ＧＭ做比較，再把差額當作某種浪費，記入帳簿中，並透過天天改善，慢慢的把成本降低一日圓、兩日圓。

朝著更高目標，努力向前進！

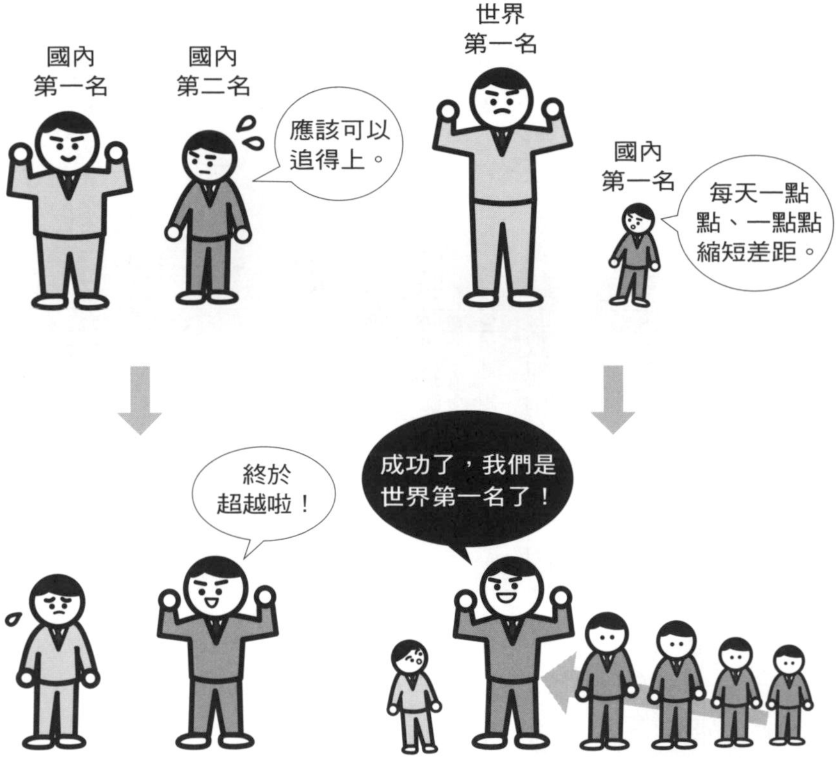

經過一段時間的努力，豐田終於靠成本追上了ＧＭ。甚至超越ＧＭ，成為世界最大的汽車大廠。但豐田並不因此就心滿意足。即使已經超越了ＧＭ，豐田仍繼續尋找其他成績亮眼的廠商，並當成目標努力改善。

豐田強大競爭力的源泉之一，就是不間斷的標竿管理。要設定目標，就選最強的對手，然後不斷踏實的、澈底的改善，不久後就可以超越對手。只要把目光投向全世界，就知道好的產品、便宜的產品多的是。因此，要經常設定高目標，而且達成後再設定更高的目標。

87

小事馬虎的人，成不了大事

豐田工作術的基本原則是，即便是小狀況，只要有異常，就立刻停下生產線，再調查問題並調整，讓異常狀況不會再次發生。

發生阪神大地震和三一一日本大地震時，豐田就是因為立刻停下生產線，優先協助合作公司重建，才能在日後提早恢復生產。豐田之所以可以迅速應變，是因為平時就訓練有素。

關於阪神大地震時的因應措施，豐田前社長豐田英二表示：「我們常因為颱風或車禍而讓工程停擺。大家經常面對這些事並採取對策，生產線才可以說停就停。大家每天都在練習如何應對突發狀況。」縱使只是小異常，也要慎重處理。

輕微晃動、短暫停電，一般人都會認為沒什麼大不了。但豐田的原則是：有

重視小異常！

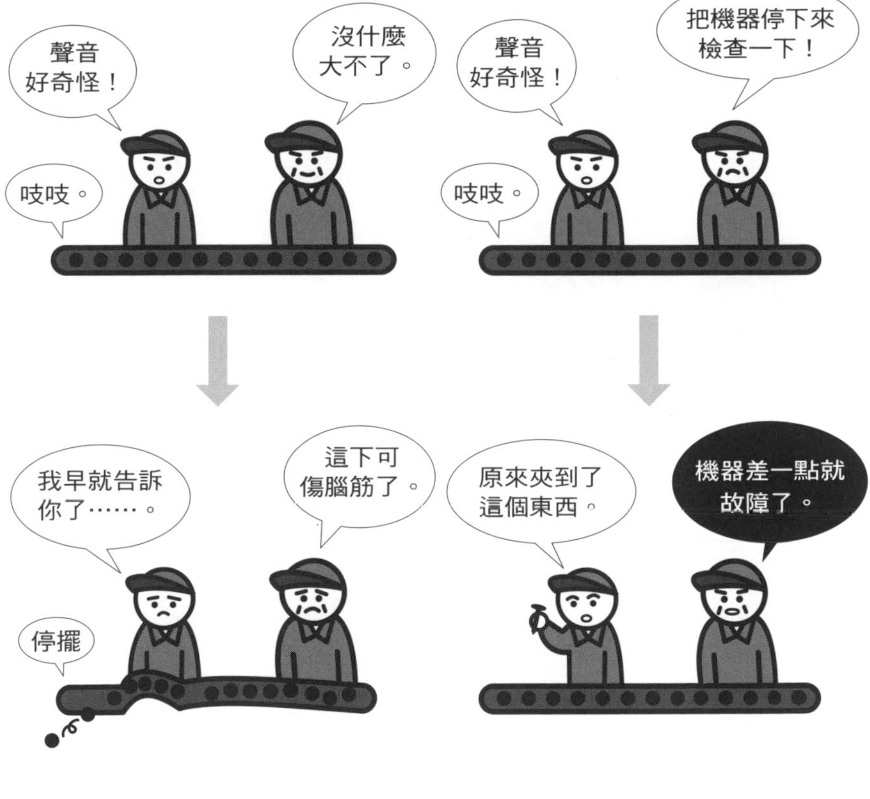
聲音好奇怪！
沒什麼大不了。
吱吱。
我早就告訴你了……。
這下可傷腦筋了。
停擺
聲音好奇怪！
把機器停下來檢查一下！
吱吱。
原來夾到了這個東西。
機器差一點就故障了。

問題，就停下生產線。因為每天都要反覆處理小異常，所以發生大異常時就能從容應變。

88

不能只有「成本知識」，要有「成本意識」

企業要創新，需要什麼？有人說，有資金、有優秀的大學畢業生就能夠創新，但似乎並非如此。

以前微軟靠著 windows 席捲全世界時，被問到勁敵是誰，比爾．蓋茲（Bill Gates）說：「是那些不知道在製造什麼新玩意的傢伙們。」數年後，谷歌誕生了，而且還摧毀了微軟的城堡。

為什麼有錢、有優秀人才的企業，會創新失敗？理由之一就在知識和意識的區別。例如，大多數的人都認為要降低成本，必須有成本知識。但是大野耐一強調，擁有成本意識（Cost Consciousness）更勝於成本知識。

所謂成本意識，不是指「大量採購就會比較便宜」，或「整批一起製造可以

知識要行動之後，才會轉變成智慧

降低單價」之類很單純的知識，而是透過經驗，學會如何只製造能賣的產品的思考模式。

要開發產品時，的確少不了金錢和知識，但想要更進一步改良、想辦法，或製造更優質的產品時，最重要的還是節約成本、控制成本，知識要透過行動，才能有所發揮。

要改正或解決問題，除了要學習知識外，還必須帶著問題意識，面對每天的工作。

89

改善，小事的累積

豐田的改善其實就是累積小事情。例如，努力讓成本降低一、兩日圓。只要能夠留意每天的小改善，就能夠到達令人意想不到的境界。

松下電器（Panasonic）的創辦人松下幸之助，一九三二年向公司員工公布「松下精神」（按：有三原則，提高生活水準、增進社會福祉、增加國家財富）之後，從次年開始，松下幸之助都會利用朝會和夕會（每天下班之前開的會）的時間，對員工說出自己的想法。

剛開始，松下幸之助並不習慣這麼做，而且聽的人似乎也覺得哪裡差了一點。但不久之後，他所說的話，讓全日本的企業經營者聽了都為之動容。之所以能夠如此，全是他努力得來的結果。因為不論是談話內容或說話方式，他都天天

與其飛跑越級，不如一步一步累積

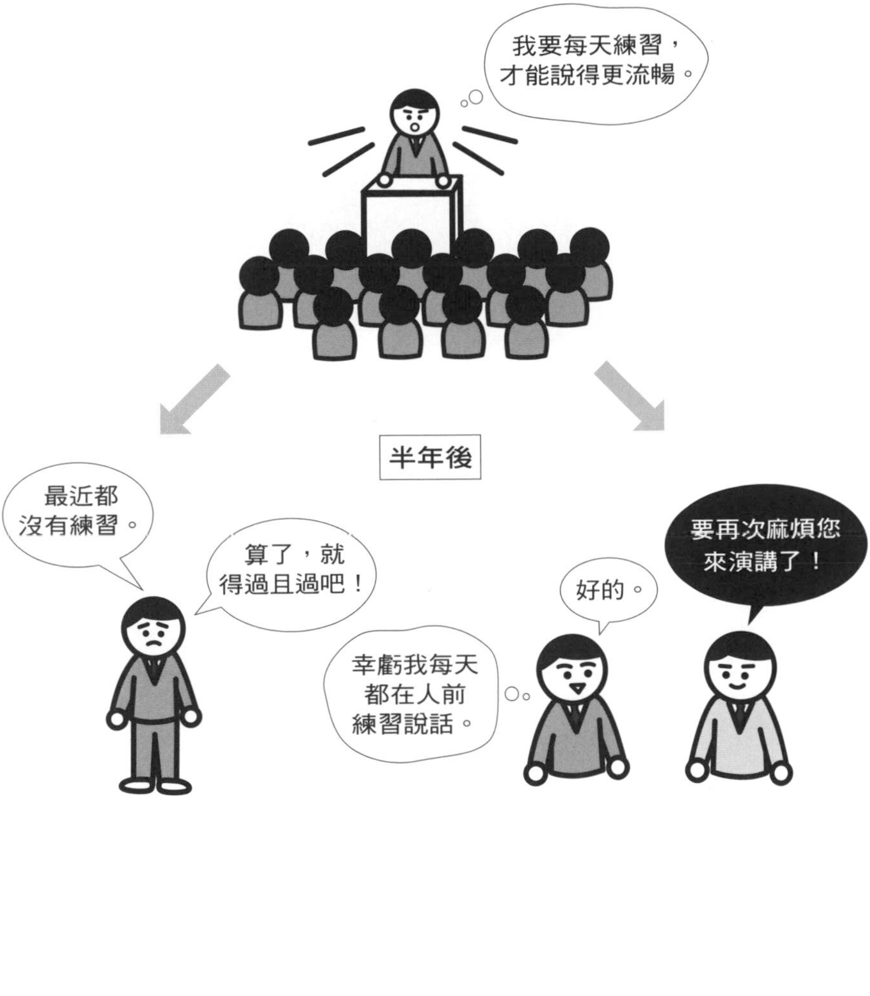

下工夫求進步，好讓自己可以說出一番能夠幫助員工自我提升的話。

改善也一樣。有位經營者，因為推動豐田生產方式，而讓工廠擁有集團第一品質的榮譽。根據這位老闆的說法，剛開始改善時，他其實沒有明確的目標。為了要讓工廠轉虧為盈，在努力小改進當中，有一天他突然發現太陽能發電可以供應所有電力，順勢讓工廠蛻變成節能工廠。

這位老闆堅持一定要持續做兩件事。一是讓今天比昨天好，明天比今天好；二是要日日改善、天天變化。

沒有人的成長可以一步登天，因此，只要不放棄，每天不斷改善，讓今天比昨天好，明天比今天好，不論是個人或企業，都一定可以飛得又高又遠。

90 成功人士必備三過程：執行、失敗、挑戰

以GAFA（Google、Amazom、Facebook、Apple）為代表的大型跨國企業的特徵之一，就是壓倒性的速度。意思是，只要一有想法，就立刻試做、試製，並一邊看使用者的反應一邊改善。

例如，對於線上事業，亞馬遜的創辦人貝佐斯這麼說：「線上事業最棒的一點就是，什麼地方不對、該怎麼做才能更好，顧客都會告訴你答案。」換言之，只要是好的產品、好的服務，就能夠得到使用者的回響。如果產品盡是瑕疵，就只能聽到「NO」。如果不理會這種聲音，後果不堪設想；反之，如果悉心聆聽，並想辦法應變，反駁聲就會變成稱讚。

以前，本田汽車創辦人本田宗一郎說：「雖說失敗了，但可沒時間愁眉苦

成功的人就算失敗也不會悶悶不樂

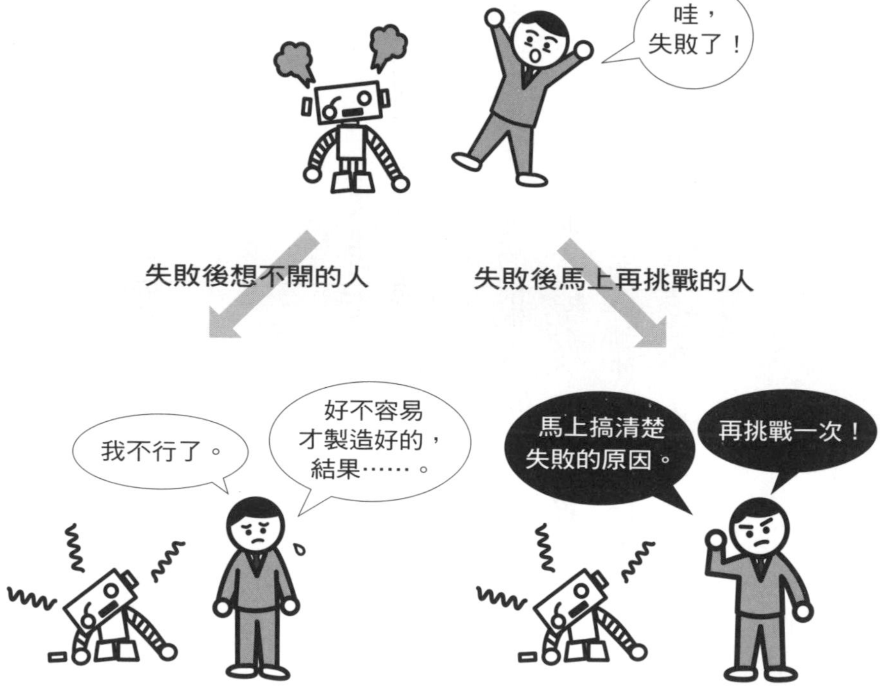

臉。」重要的是，弄錯了就馬上查明原因、進行改善，再把好的產品送回到市場上。如果為了不失敗，而浪費太多時間，或花工夫一直修正，轉瞬間就會被其他公司超越。因此，只要高速循環「執行、失敗、挑戰」就可以了。

請問你所在的公司還有你自己，是用多快的速度在轉動這個循環？千萬別因為害怕失敗，就不敢挑戰。

91

不要一口氣把難度升到最高，要一點一點往上加！

企業想要繼續成長、繼續勝出，最重要的是什麼？

對企業或業界走向衰退的第一個徵兆，彼得・杜拉克如此表示：「衰退的第一個徵兆，就是無法再吸引有才能的人。」

對企業而言，最寶貴的資源永遠是人。無法再吸引人、培訓人的企業或業界，就會步上衰退之路。就如同豐田所說：「製造產品就是在製造人。」豐田重視製造人勝於一切。

豐田並不會一開始只找精明能幹的人，因為員工進入企業、在現場累積經驗後，工作時便懂得靠自己思考。不久，公司內部還會栽培員工成為超越主管的人才，就是豐田培訓人才的方式。其中，豐田最注重的，就是把難度一點一點

企業成長的關鍵是製造人！

提高。

豐田前社長張富士夫說：「如果要培育人才，就要把目標一點一點往上提高。例如，一開始先讓他們『修正作業程序』，然後『修正生產線』，再『修正工廠』，最後『讓工廠轉虧為盈』，邊讓他們解決問題，邊把難度提升。」透過改善培養有智慧的人；透過提高難度來培養解決問題並取得成果的人，只要持續提升目標，企業就能夠不斷成長並永續經營。

參考文獻

《豐田生產方式》，大野耐一著，鑽石社。
《豐田式打造人才、製作產品》，若松義人、近藤哲夫著，鑽石社。
《大野耐一的現場經營》，大野耐一著，日本能率協會管理中心。
《太好用了！豐田生產方式》，若松義人，PHP研究社。
《「豐田生產方式」終極的實踐》，若松義人著，鑽石社。
《The Toyota Way》（上），Jeffrey K. Liker著，稻垣公夫譯，日經BP社。
《不為人知的TOYOTA》，片山修著，幻冬舍。
《豐田的方式》，片山修，小學館文庫。
《要經常領先時代潮流》，PHP研究所編，PHP研究所。
《豐田英二語錄》，豐田英二研究會編，小學館文庫。
《豐田管理系統的研究》，日野三十四著，鑽石社。
《豐田生產方式工作的教科書》，PRESIDENT編輯部編，PRESIDENT社。

《豐田生產方式的原點》，下川浩一、藤本隆宏編著，文真堂。
《豐田新現場主義管理》，朝日新聞社著，朝日新聞出版。
《創造豐田生產方式的男人》，野口恒著，CCC MEDIA HOUSE。
《豐田的世界》，中日新聞社經濟部編著，中日新聞社。
《探索人類，我的經營管理哲學》，日本經濟新聞社編，日經 Business 人文庫。
《THE HOUSE OF TOYOTA》，佐籐正明著，文藝春秋。
《豐田如何創造出 LEXUS》，高木晴夫著，鑽石社。
《豐田挑戰 LEXUS》，長谷川洋三著，日本經濟新聞社。
《自己的城堡自己守》，石田退三著，講談社。
《用單純的方式去思考》池森賢二著，PHP 研究社。
《一分鐘讀懂松下幸之助》，小田全宏，PCuSER 電腦人文化。
《加賀屋，與形形色色人生相遇的旅宿》，細井勝著，時報出版。
《工場管理》雜誌，一九九〇年八月號。

《週刊東洋經濟》雜誌，二〇〇六年一月二十日號、二〇一六年四月九日號、二〇一八年三月十日號、二〇一九年三月十六日號。
《週刊鑽石》雜誌，二〇〇二年十二月七日號。
《日經 Business》雜誌，二〇〇〇年九月十八日號、二〇〇八年一月七日號。
《日經 Business Associe》雜誌，二〇〇四年十一月十六日號。

Biz 346

豐田人的凝與動

部屬總有叫不動、又犯錯、想拖延、藉口一堆的時候，如何讓素質參差的人凝聚、願意動起來？

作　　者／桑原晃彌
譯　　者／劉錦秀
責任編輯／林盈廷
校對編輯／陳竑悳
美術編輯／張皓婷
副 主 編／馬祥芬
副總編輯／顏惠君
總 編 輯／吳依瑋
發 行 人／徐仲秋
會　　計／許鳳雪、陳嬅娟
版權專員／劉宗德
版權經理／郝麗珍
行銷企劃／徐千晴、周以婷
業務助理／王德渝
業務專員／馬絮盈、留婉茹
業務經理／林裕安
總 經 理／陳絜吾

國家圖書館出版品預行編目(CIP)資料

豐田人的凝與動：部屬總有叫不動、又犯錯、想拖延、藉口一堆的時候，如何讓素質參差的人凝聚、願意動起來？／桑原晃彌著；劉錦秀譯. -- 初版. -- 臺北市：大是文化，2021.01
320 面；14.8×21 公分. --（Biz；346）
譯自：トヨタ式「すぐやる人」になれる8つのすごい！仕事術
ISBN 978-986-5548-21-6（平裝）

1. 豐田汽車公司（Toyota Motor Corporation）
2. 職場成功法　3. 工作效率

494.35　　109015318

出 版 者／大是文化有限公司
臺北市 100 衡陽路 7 號 8 樓
編輯部電話：（02）23757911
購書相關資訊請洽：（02）23757911 分機122
24小時讀者服務傳真：（02）23756999
讀者服務E-mail：haom@ms28.hinet.net
郵政劃撥帳號／19983366　戶名／大是文化有限公司

法律顧問／永然聯合法律事務所
香港發行／豐達出版發行有限公司 “Rich Publishing & Distribution Ltd”
地址：香港柴灣永泰道 70 號柴灣工業城第 2 期 1805 室
Unit 1805, Ph. 2, Chai Wan Ind City, 70 Wing Tai Rd, Chai Wan, Hong Kong
電話：21726513　傳真：21724355
E-mail：cary@subseasy.com.hk

封面設計／陳皜
內頁排版／顏麟驊
印　　刷／緯峰印刷股份有限公司

出版日期／2021 年 1 月初版
定　　價／新臺幣 350 元（缺頁或裝訂錯誤的書，請寄回更換）
I S B N　978-986-5548-21-6